应用型本科机电类专业"十三五"规划精品教材

金工实习教程

JINGONG SHIXI JIAOCHENG

U0278968

主　审　金崇源

主　编　王海文　毛　洋

副主编　王虹元　刘思奇　刘绍力
　　　　张金柱　陈希瑞

华中科技大学出版社
http://www.hustp.com
中国·武汉

内 容 简 介

　　金工实习是一门基础实践课程,是工科类各专业教学计划中重要的教学实践环节。学生通过金工实习可以熟悉加工生产过程,同时培养自己的实际动手能力。本书以实用为主线,除了对铸造、锻造、焊接、车削、铣削、刨削、磨削及钳工等传统的加工方法进行介绍外,还介绍了数控加工、特种加工、3D打印等实用性较强的现代制造技术。

　　为了方便教学,本书还配有电子课件等教学资源包,任课教师和学生可以登录"我们爱读书"网(www.ibook4us.com)免费注册并浏览,或者发邮件至 hustpeiit@163.com 免费索取。

图书在版编目(CIP)数据

金工实习教程/王海文,毛洋主编. —武汉:华中科技大学出版社,2017.1(2023.12重印)
应用型本科机电类专业"十三五"规划精品教材
ISBN 978-7-5680-2296-5

Ⅰ.①金… Ⅱ.①王… ②毛… Ⅲ.①金属加工-实习-高等学校-教材 Ⅳ.①TG-45

中国版本图书馆 CIP 数据核字(2016)第 261142 号

金工实习教程
Jingong Shixi Jiaocheng

王海文　毛　洋　主编

策划编辑:康　序
责任编辑:徐桂芹
封面设计:原色设计
责任监印:朱　玢
出版发行:华中科技大学出版社(中国·武汉)　　　电话:(027)81321913
　　　　　武汉市东湖新技术开发区华工科技园　　　邮编:430223
录　　排:武汉正风天下文化发展有限责任公司
印　　刷:武汉市首壹印务有限公司
开　　本:787mm×1092mm　1/16
印　　张:13.75
字　　数:355千字
版　　次:2023 年 12 月第 1 版第 5 次印刷
定　　价:35.00 元

只有无知，没有不满。

Only ignorant, no resentment.

..........................迈克尔·法拉第(Michael Faraday)

迈克尔·法拉第（1791—1867）：英国著名物理学家、化学家，在电磁学、化学、电化学等领域都做出过杰出贡献。

应用型本科机电类专业"十三五"规划精品教材

编审委员会名单

（按姓氏笔画排列）

卜繁岭　于惠力　王书达　王伯平　王宏远　王俊岭
王艳秋　王爱平　王海文　云彩霞　方连众　厉树忠
卢益民　　尼亚孜别克　　朱秋萍　刘　锐　刘仁芬
刘黎明　李见为　李长俊　杨玉蓓　杨有安　杨旭方
张义方　张怀宁　张绪红　陈传德　陈朝大　周永恒
周洪玉　孟德普　赵振华　姜　峰　骆耀祖　莫德举
顾利民　郭学俊　容太平　谈新权　傅妍芳　富　刚
雷升印　路兆梅　熊年禄　霍泰山　鞠剑平　魏学业

前言 PREFACE

金工实习是高等院校工科学生接受工程训练的重要教学环节,同时可以为学生学习工程材料及机械制造基础等有关后续课程奠定必要的实践基础。加强工科教学中的工程实践训练,对提高教学质量、培养学生解决实际问题的能力具有十分重要的意义。近年来,随着数控加工技术向高速、高效的方向发展,随着特种加工和3D打印等高端技术向常规化的方向发展,现代制造技术正以前所未有的发展速度改变着传统加工技术的方方面面。为了使学生能在学习期间对日新月异的现代制造技术有所了解,我们在本书中将现代制造技术和经典的金工实习进行了有机的结合,基于高等院校学生知识结构的要求和就业岗位的特点,在遵循理论联系实际原则的基础上编写了本书。

本书按照先学后做、边学边做的原则,理论联系实际,具有较强的可操作性。通过对本书的学习,可有效提高学生的理论水平和实践操作技能。

本书分为四个部分,共14章,以制造工艺为主线,将理论知识有机地融入到金工实习的全过程。第1章和第2章主要介绍安全文明生产方面的知识和金工实习基础知识,同时介绍了金属热处理等相关知识。第3章至第5章主要介绍铸造、锻造、焊接等加工过程,以及毛坯的成型过程。第6章至第10章,除了介绍金属加工的基础知识外,主要是使学生通过实习加深对各种金属加工方法的认识,掌握金属加工的基本规范和技术要领。第11章至第14章介绍了几种现代制造技术,该部分的重点是使学生充分掌握数控加工的基本原理和基本操作,通过实际操作,夯实数控加工的基本知识和基本技能,同时了解特种加工、塑料成型、3D打印等前沿的现代制造技术。

教师在使用本书的过程中,可根据专业特点和课时安排灵活选取教学内容。本书既可作为高等院校工科类各专业金工实习教材,也可供有关工程技术人员参考。

本书由大连工业大学王海文、大连工业大学艺术与信息工程学院毛洋担任主编,由大连工业大学艺术与信息工程学院王虹元、刘思奇、刘绍力,黑龙江工程学院张金柱,重庆工商大学陈希瑞担任副主编。本书编写情况如下:大连工业大学王海文编写第2章,大连工业大学艺术与信息工程学院毛洋编写第11、12、13、

14 章及附录,大连工业大学艺术与信息工程学院王虹元编写第 8、9、10 章,大连工业大学艺术与信息工程学院刘思奇编写第 1 章,大连工业大学艺术与信息工程学院刘绍力编写第 3、4 章,黑龙江工程学院张金柱编写第 5、6 章,重庆工商大学陈希瑞编写第 7 章。贾树彬、肖杨、王晓俊、殷铭一、王艺茨、刘倩伶协助进行资料的整理工作。全书由大连工业大学艺术与信息工程学院金崇源老师进行主审。

我们在编写本书的过程中,参考了兄弟院校的资料及其他相关教材,并得到了许多同人的关心和帮助,在此表示衷心的感谢。

为了方便教学,本书还配有电子课件等教学资源包,任课教师和学生可以登录"我们爱读书"网(www. ibook4us. com)免费注册并浏览,或者发邮件至 hust-peiit@163. com 免费索取。

由于编者水平有限,再加上篇幅的限制,本书在内容上难免有欠妥之处,恳请广大读者提出宝贵的意见。

编　者

2016 年 11 月

目录 CONTENTS

第❶章 安全文明生产

 ## 1.1 劳动保护

生产安全已成为人们日益关注的问题,而劳动保护与生产安全密切相关。

劳动保护,就是保护劳动者在劳动生产过程中的人身安全与健康。由于工艺、设备上的原因,或者人为的疏忽,劳动者在实施生产的过程中,面对复杂的工种和情况多变的具体条件,各种不安全、不卫生的因素随时存在。如果不采取必要的安全措施加以防护,就有可能发生工伤事故或导致职业病,劳动者的人身安全和健康就会受到威胁。在各种加工工艺实施过程中,同样会产生对人身安全与健康的伤害。例如,在切削加工和压力加工过程中可能会对人身造成伤害,在铸造过程中可能存在高温危害等。此外,在劳动过程中还有一些因素,对劳动者的健康和安全也有影响,例如劳动者每天工作时间过长会造成过度疲劳,容易发生事故,甚至会使劳动者积劳成疾。

劳动者是社会的主人,也是创造财富的主体,把人的健康与安全摆在首要位置是毫无疑问的。因此,必须采取有效的技术措施,保护劳动者在生产过程中的安全与健康。

从技术措施上来讲,保护劳动者在劳动过程中的安全与健康,应包括安全技术与劳动卫生两个方面。

1. 安全技术

安全技术是指在生产过程中为防止各种伤害,以及火灾、爆炸等事故,并为职工提供安全、良好的劳动条件而采取的各种技术措施。

安全技术的研究范围包括机械、物理、化学等方面的不安全因素引起的突然发生的人身伤害事故。机械方面的不安全因素有碰击等造成的损伤、压力容器爆炸造成的伤害等;物理方面的不安全因素有火焰、熔融金属造成的高温烧伤或灼伤,以及触电引起的伤害等;化学方面的不安全因素有化学物品(如氰化物等)引起的急性中毒等。

安全技术措施,主要是指进行技术改造,改善劳动条件,实现机械化、自动化操作,设置防护和保险机构,并实现劳动者的自我防护。

2. 劳动卫生

劳动卫生是指针对长期从事对人体健康有害的劳动,以致身体发生慢性病理改变,导致职业中毒或患职业病而应该采取的防护措施。

如果说安全技术主要研究如何防止突然发生急性伤亡事故,那么,劳动卫生研究的则是慢性职业中毒和职业病的预防。

劳动卫生研究的内容是物理、化学、生物等方面的不卫生因素。物理方面的不卫生因素包括气象条件、热辐射、电磁波、噪声等;化学、生物等方面的不卫生因素包括生产性毒物(如有机溶剂蒸气等)、生产性粉尘(如硅尘、煤尘等)、寄生虫等。

劳动卫生的技术措施主要从改进技术工艺着手,把有毒、有尘作业改为无毒、无尘作业,同时采取防毒、防尘措施,并让劳动者个人使用防护用品。

劳动保护还应从管理上采取措施,如制定劳动保护方针、政策,建立安全系统,统计与分析伤亡事故,制定与劳动时间和安全有关的劳动制度等。

1.2 金工实习中的劳动保护

金工实习中涉及劳动保护的内容主要有铸造、压力加工、焊接、金属热处理、机械切削加工和钳工操作等。这些工艺实施的过程中都潜藏着种种不安全、不卫生因素,会对操作者的身体安全和健康构成威胁,因此要采取必要的措施进行防范。

1.2.1 铸造中的劳动保护

1. 铸造中的不安全因素

铸造工艺的实施,必须将固态金属加热熔化成具有流动性的液态金属。金属的熔点非常高,为了使熔融金属具有流动性,必须使加热温度高于金属熔点,即达到所谓的浇注温度。金属的浇注温度因金属种类的不同而不同,铸造铝合金的浇注温度为 680~720 ℃,铸造铜合金的浇注温度为 1 040~1 100 ℃,铸铁的浇注温度为 1 300 ℃,铸钢的浇注温度为 1 600~1 640 ℃。高温金属液的烧伤、灼伤、热辐射损伤,会对人体产生重大伤害。

砂型铸造所使用的铸造用砂,其主要成分为二氧化硅,铸造过程中进行干砂搅拌和落砂清理时,会有大量的含硅粉尘飞扬,含硅粉尘会通过呼吸道进入人体,当进入人体的含硅粉尘数量达到一定程度后,就会导致不可逆转的硅肺病,严重时将会威胁人的生命。还有混砂机、造型机和各种熔化炉的运行过程中,都可能产生机械碰击伤害。

2. 铸造中的安全保护

铸造中的安全保护,除了对运动机器加以必要的防护外,更重要的是要注意安全操作和操作者的自我保护。

1) 避免高温伤害

浇注前必须紧固铸型,上、下型要用卡紧机械锁紧,或者在上型上放置比铸件重量大 3~5 倍的压铁,以免浇注时抬型或跑火。

浇注用工具使用前必须烘干、预热,彻底除去水分。

浇注场地要通畅无阻,无积水。

浇包中的金属液不能太满,一般不能超过容量的 80%,抬运时,动作要协调。

剩余金属液不得乱倒,铸件完全冷却后才能用手接触。

色盲者不得进入浇注区。

必须按规定穿戴劳动保护用品,如石棉服装、手套、皮靴、防护眼镜等。

2) 避免硅尘进入体内

进行型砂搅拌、落砂清理时,采用湿式搅拌、清理。操作者必须按规定戴符合要求的口罩。

3) 其他安全操作

锤击去除浇冒口时,应注意敲打方向,不要正对他人。

不可坐卧在机器和输送设备上休息,不得横跨运输带,更不要在起重机吊起物的下方停留。

制造砂型或型芯时,不可用嘴吹砂。

1.2.2　压力加工中的劳动保护

1. 压力加工中的不安全因素

金属压力加工,包括自由锻造、模型锻造和冷冲压,它们的工艺过程都是通过对金属施加冲击力(或压力)而改变其形状,其间,机械设备或工具均处于连续锻击的运动状态,会引起十分强烈的振动,强烈的振动会通过工具或地面传到人体,时间过长会使人患上振动病,表现为手麻、手痛、关节痛和神经衰弱等。

和振动相伴的是噪声。噪声会使人的注意力分散,会使人烦躁,劳动者若长期处于噪声环境中,听觉器官和其他系统也会受到损伤而发生病变,从而引起噪声性疾病。运动中的机械极易发生机械碰击,直接伤害人体。除冷冲压外的其他压力加工中,金属在高温状态下受力变形,也属于高温作业,存在着高温、热辐射等不安全因素。

2. 压力加工中的安全保护

金属压力加工中的安全保护主要包括如下内容。

1)机械设备的防护

各种锻压机床的齿轮传动或带传动部分,必须加上牢固的防护罩,防止人体误入而受到伤害。

2)遵守安全操作规程

操作者在工作前应认真检查机电设备、辅助设备、工具、模具、液压管道等是否安全可靠,并按规定将锤头、锤杆、工具等预热,预热温度一般为 100～200 ℃。

向加热炉装料和出料时,不得用力过猛或乱撞炉膛;起重机吊运红热锻件时,除指挥吊运的人员外,其他人员应主动避开,更不得处于吊运物体的下方。

严禁锻打过烧或低于终锻温度的锻件。

安装模具或检查机床时,必须关闭电源,并采取安全措施,防止机床动作;工作中严禁将头、手和身体的其他部位伸入机床的行程范围之内。

锻造时,应握住手钳的尾部,手指不要放在两个钳把的中间,并将钳把置于身体的侧面;每次操作完毕,手、脚必须离开控制按钮或踏板。

不允许用剪床剪切淬火钢、高速钢、铸铁等高硬度脆性材料。

冷冲压生产操作简单而又重复,速度快,必须集中精神,不能东张西望。

3)个人防护

进入锻造车间后必须穿好工作服、隔热胶(皮)底鞋,戴安全帽。噪声强烈时,应戴上防噪声耳塞。

锻造时,不得在容易飞出毛刺、铁渣、火星的方向或区域停留,不得用手或脚清除炉膛内的氧化皮,不得用手直接触摸锻件和工具。

1.2.3　焊接中的劳动保护

1. 焊接中的不安全因素

电弧焊、埋弧焊、电阻焊、气体保护焊等的动力来源均是强大的电流,电流在绝缘的载体内流动,对人体无害,但一旦暴露于外,并与人体接触时,就会对人体造成伤害。

电弧焊过程中会产生很多的无机性烟尘和废气,人在高浓度的烟尘和废气环境中,短时间内会产生呼吸困难进而窒息;若长期处于低浓度的烟尘和废气环境中,烟尘和废气经过呼吸道进入肺部,会使人患上难以治疗的电焊式尘肺病;电焊烟尘、废气经呼吸道进入人体血液,会导致人体植物神经功能紊乱;电焊中的氟,若长期存在于人体骨骼中,会使人患上氟骨病。

电弧焊过程中还会产生电弧,电弧温度高达 3 000 ℃以上,在此温度下可产生大量紫外线,紫外线作用于人眼,会引发急性角膜炎、结膜炎,称为电光性眼炎。

气焊、气割使用的氧气和可燃性气体,均储存于高压钢瓶内,高压钢瓶一旦爆裂,就会造成极大的危害。

2. 焊接中的安全保护

1)焊接设备的安全技术

操作者在焊接前要认真检查焊机、氧气瓶、乙炔瓶等是否完好。

乙炔瓶或乙炔发生器附近严禁烟火;焊接场地要配备有效的消防器材;乙炔瓶在使用和运输过程中必须直立,不能倒放。

氧气瓶,尤其是瓶嘴附近,严禁接触油脂,以免油脂遇到压缩纯氧时引起自燃。

2)自我防护

焊工进行操作时,必须穿好工作服、工作鞋,戴上手套、电焊防护面罩或气焊眼镜,不得直视弧光。

在狭小空间、容器内或通风条件较差的环境中实施焊接时,应设置通风系统,并保证这些系统运转正常,将焊接过程中产生的烟尘、有害废气向外排放。若短时间施焊或无法设置通风系统时,应外设一人监护,万一发生意外能及时抢救,或者两人轮流作业。

若多人同时在某一个工作地点进行电弧焊,应设置弧光遮挡屏,以免弧光伤害他人。

3)触电的预防与救护

电焊设备的外壳必须接零或接地,并定期进行检查,确保其可靠性,除此之外,还应检查电焊工作鞋的绝缘性能是否有效。

对电焊设备进行检修时,必须先切断电源,并由电工操作,焊工不得自行装拆。

使用便携式照明灯时,其工作电压不得超过 36 V。

对触电者进行抢救时,首先要切断电源,然后对其实施人工呼吸,再迅速将其送往医院。

1.2.4　金属热处理中的劳动保护

1. 金属热处理中的不安全因素

金属热处理中的正火、淬火、退火和渗碳,需要将钢材加热到 750～1 250 ℃,炽热的金属会对人体造成灼伤。

金属加热所需的能量多数来自电能,使用电能时有触电的危险。

金属加热设备中的盐浴炉的炉温高达 1 300 ℃,盐呈熔融状态,容易飞溅伤人。

较重的热处理件处于高温状态,且均用起重机进行操作,有可能因起重机操作失误而造成伤害事故。

2. 金属热处理中的安全保护

1)自我防护

作业时应穿工作服、工作鞋;进行酸洗、碱洗或操作盐浴炉时,应戴防护眼镜和口罩。

进行强腐蚀作业后,应用质量百分比为 1%的硫酸亚铁溶液洗手,再用肥皂和清水洗净。

起重机作业时,不要在悬空物下方站立或工作。

2）遵守安全操作规程

装炉时工件要轻放，以免打坏炉膛或造成盐液飞溅，装炉量不允许超过规定范围，而且工件与周边的距离不应少于 3 mm，以免引起短路。

工件进入盐浴炉前必须烘干，工件进入油槽淬火时，应特别注意防止工件露出油面引起燃烧，对人造成烧伤。

使用加热炉时一律不允许超过额定的温度。

所有油槽、盐浴炉万一起火，严禁使用水或泡沫灭火器灭火，应立即使用干砂扑灭。

3）预防触电事故

所有电气设备必须接地或接零，使用前应认真检查。

使用电阻炉装卸工件时，必须先断电后操作，若使用断路器，也应先检查其敏感性，以免引起触电事故。万一发生触电事故，应迅速切断电源，然后施救，不得在切断电源前拉、推触电者。

1.2.5　机械切削加工中的劳动保护

1. 机械切削加工中的不安全因素

机械切削加工主要是在工件与刀具之间，通过切削机床产生旋转或往返的相对运动，将工件的多余部分切除，以达到设计的要求。机械相对运动所产生的碰撞等有可能对人体造成伤害。

在切削力的作用下会形成各种切屑，切屑大多具有锋利的刃口，极易损伤人体肌肤。

各种机床的动力来源均为电能，使用电能时有触电的危险。

2. 机械切削加工中的安全保护

1）自我防护

进入工作场地进行操作时，必须穿紧袖口和紧下摆的工作服，长发者必须戴工作帽，并将头发塞于帽内，不得穿凉鞋或拖鞋。

如果机器正在运转，不得戴手套进行切削加工（如车削、铣削等），也不得用手直接清理切屑。

高速铣削或用砂轮机磨削刀具时，要戴上防护眼镜；若有切屑进入眼睛，不得用手揉搓，应及时请医生治疗。

2）遵守安全操作规程

工件与刀具必须装夹牢固，开动机床前先用手扳动卡盘（或刀具），检查工件与床面、刀架、滑板或其他部件是否会产生干涉。

开动机床前必须检查各机构是否完好，各种手柄是否处于正确位置。

卡盘扳手和其他手动装夹工具，用毕应随手取下。

正在进行切削加工时，不得用手触摸工件或进行测量；观察加工过程时，头部不能太靠近工件或旋转的刀具。

改变主轴转速时必须先停机（也称"停车"），不得边运行边调整主轴转速；切削加工过程中若发现有异常，应立即停机进行检查，排除故障后方可重新开动机床。

进行磨削加工前，应先检查砂轮是否完整、有无裂纹，砂轮螺钉是否松动，垫片是否完好，一切正常后，先空转 1～2 min，若无异常方可开始工作。

手持刀具在砂轮机上进行磨削时，操作者应在砂轮的侧面，紧握刀具，靠近砂轮时应均匀施力,不能突然用力过猛。

3）用电和设备安全

所有电气设备必须接地或接零,若有电路故障应请电工及时排除。

机床的传动机构必须有稳固的防护罩。

1.2.6 钳工操作中的劳动保护

1. 钳工操作中的不安全因素

钳工操作虽然以操作者的双手为主,但也存在不安全因素。例如,錾削时挥动锤子,可能脱锤伤人;锯削时用力不当,可能会造成断锯刺伤;刮削时可能因工件的毛刺刮伤肌肤等。

钳工操作中还会用钻床钻孔、用砂轮机磨削刀具,而钻床、砂轮机都是旋转运动的机器,也有可能造成人身伤害事故。

2. 钳工操作中的安全保护

穿好工作服,戴好工作帽,将长发塞入帽中。进行锯削、锉削、刮削、錾削时应戴手套,但使用钻床等旋转运动的机器时,不得戴手套。

使用锉刀、刮刀前应检查木柄是否开裂,不能使用没有木柄的锉刀、刮刀进行操作。

使用锤子前要检查锤子的木柄是否牢固,防止脱锤伤人,钳工桌上要设置防护网。

锉削过程中,不能用手直接清除锉刀上的切屑,也不能用嘴吹切屑。

使用手锯时,不可突然用力过猛;将要锯断时,应适当减力,以免锯条折断造成刺伤。

使用钻床、砂轮机前要检查设备有无故障,确认没有楔铁插在钻床主轴上;改变钻床转速,必须在停机状态下进行;停机时应待钻床自然停止,不能用手去停止;装卸工件,必须待钻床主轴停止转动后才能进行。

手持工件使用砂轮机进行磨削时,不可用力过猛,并且不要站在砂轮旋转的前方,以防砂轮意外破碎飞出伤人。

第❷章　金工实习基础知识

2.1　金属材料基础知识

2.1.1　工程材料的分类

工程材料是指在机械、船舶、化工、建筑、车辆、仪表、航空航天等工程领域中用于制造工程构件和机械零件的材料。工程材料可分为金属材料、非金属材料和复合材料，如图 2-1 所示。

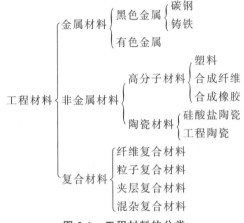

图 2-1　工程材料的分类

金属材料是以金属键结合为主的材料，具有良好的导电性、导热性和延展性。金属材料来源丰富，并且具有良好的使用性能和工艺性能。

铸铁、有色金属等金属材料是目前机械工程中用量最大、应用最广泛的工程材料。

2.1.2　材料的性能

1. 材料的使用性能

材料的使用性能包括力学性能、物理性能和化学性能。

1）材料的力学性能

金属材料受外力作用时所表现出来的性能称为力学性能。力学性能主要包括强度、塑性、硬度、冲击韧性等，它是选材、零件设计的重要依据。

（1）强度。

强度是指金属材料在外力作用下抵抗变形和破坏的能力。根据外力加载方式的不同，强度指标有许多种，如屈服强度、抗拉强度、抗压强度、抗弯强度、抗剪强度、抗扭强度等。强度指标一般用单位面积所承受的载荷来表示，符号为 σ，单位为 MPa。工程中常用的强度指标为屈服强度和抗拉强度。屈服强度是指金属材料在外力作用下产生屈服现象时的最小应力，或开始出现塑性变形时的最小应力。抗拉强度是指材料在被拉断前所能承受的最大应力。对于大多数机械零件，工作时不允许产生塑性变形，所以屈服强度是零件强度设计的依据。对于因断裂而失效的零件，常用抗拉强度作为其强度设计的依据。

（2）塑性。

塑性是指金属材料在外力作用下产生塑性变形而不被破坏的能力。工程中常用的塑性指标为伸长率和断面收缩率，均可通过金属拉伸试验测定。伸长率是指试样被拉断后的伸长量与原始长度的比值的百分率。断面收缩率是指试样被拉断后断面缩小的面积与原始横截面积的比值的百分率。伸长率和断面收缩率越大，金属材料的塑性越好；反之，塑性越差。良好的塑性是金属材料进行压力加工、焊接的必要条件，也是保证机械零件工作安全、不发生突然脆断的必要条件。

（3）硬度。

硬度是指材料抵抗局部塑性变形的能力。硬度的测试方法有很多，生产中常用的硬度测试方法有布氏硬度测试法和洛氏硬度测试法两种。

布氏硬度的测试方法是用一个直径为 D 的淬火钢球或硬质合金球作为压头，在载荷 P 的作用下将压头压入被测试金属表面，保持一定时间后卸载，测量金属表面形成的压痕的直径 d，以单位面积压痕所承受的压力作为被测金属的布氏硬度。布氏硬度指标有 HBS 和 HBW 两种，前者所用的压头为淬火钢球，适用于布氏硬度值低于 450 的材料，如退火钢、正火钢、调质钢、铸铁、有色金属等；后者所用的压头为硬质合金球，适用于布氏硬度值为 450～650 的材料，如淬火钢等。布氏硬度测试法压痕较大，故不宜测试成品件或薄片金属的硬度。

洛氏硬度的测试方法是用顶角为 120° 的金刚石圆锥或直径为 1.588 mm 的淬火钢球作为压头，以规定的载荷将压头压入被测试金属材料表面，根据压痕深度直接在洛氏硬度计的指示盘上读出硬度值。常用的洛氏硬度指标有 HRA、HRB 和 HRC 三种（见表 2-1），其中，HRC 在生产中的应用最为广泛。洛氏硬度测试操作迅速、简便，压痕小，不损伤工件表面，故适用于成品检验。

表 2-1   洛氏硬度的试验规范和适用范围

符　号	压头类型	载荷/N	测量范围	适用范围
HRA	金刚石圆锥	600	60～85	硬质合金、表面硬化钢和较薄的零件
HRB	直径为 1.588 mm 的淬火钢球	1 000	25～100	有色金属、退火钢、正火钢、可锻铸铁
HRC	金刚石圆锥	1 500	20～67	淬火钢、调质钢

硬度测试设备简单，操作方便，并可根据硬度值估算出近似的抗拉强度值，因此硬度测试设备在生产中得到了广泛的应用。

（4）冲击韧性。

很多零件工作时会承受很大的冲击载荷，如活塞销、连杆、冲模和锻模等。金属材料抵抗冲击载荷而不被破坏的能力称为冲击韧性，用 α_K 表示，单位为 J/cm^2。冲击韧性常用摆锤式冲击试验机测定。α_K 值越大，材料的冲击韧性就越好。一般把 α_K 值低的材料叫作脆性材料，把 α_K 值高的材料叫作韧性材料。脆性材料在断裂前无明显的塑性变形，断口较平整，呈瓷状，有金属光泽；韧性材料在断裂前有明显的塑性变形，断口呈纤维状，无光泽。当机器零件承受冲击载荷时，不能只考虑金属材料抵抗静载荷的能力，还必须考虑金属材料抵抗冲击载荷的能力。

2）材料的物理性能和化学性能

物理性能、化学性能虽然不是结构设计的主要参数，但在某些特定情况下却是必须加以考虑的因素。

材料的物理性能包括密度、熔点、导热性、导电性、热膨胀性、磁性等。

材料的化学性能包括耐腐蚀性、抗氧化性等。

2. 材料的工艺性能

选择材料时,不仅要考虑材料的使用性能,还要考虑其工艺性能。如果所选用的材料制备工艺复杂或难以加工,必然会带来生产成本提高或材料无法使用的后果。

材料的种类不同,其加工工艺也大不相同。金属材料是工业中使用最多的材料,其工艺性能主要包括铸造性能、焊接性能、切削加工性能和热处理性能等。

2.1.3 金属材料硬度的测定方法

1. 布氏硬度的测定方法

图 2-2 所示为 HB-3000 布氏硬度计。测定硬度时基本操作步骤如下。

(1) 将试样平稳地放在工作台上,转动手轮使工作台徐徐上升,使试样与压头接触,到手轮打滑时为止,此时初载荷已加上。

(2) 按下加载按钮,指示灯亮,自动加载并卸载,指示灯灭。

(3) 逆时针转动手轮,使工作台下降,取下试样。

(4) 用读数放大镜测量压痕直径,测得压痕直径后从表中查出布氏硬度值。

2. 洛氏硬度的测定方法

以 HRC 的测定为例,采用顶角为 120° 的金刚石圆锥作为压头,总载荷为 1 500 N。洛氏硬度测定原理示意图如图 2-3 所示。测定时先加预载荷 100 N,压头从起始位置 0—0 到 1—1 位置,压入深度为 h_1,然后加总载荷 1 500 N(实为主载荷 1 400 N 加上预载荷 100 N),压头位置为 2—2,压入深度为 h_2,停留数秒后,将主载荷 1 400 N 卸除,保留预载荷 100 N,由于试件弹性变形恢复,压头略为提高,位置为 3—3,实际压入深度为 h_3,因此在主载荷的作用下,压头压入试件的深度 $h = h_3 - h_1$。为了便于从硬度计表盘上直接读出硬度值,一是规定表盘上每一小格相当于 0.002 mm 压深,二是将 HRC 用 $HRC = 100 - \dfrac{h}{0.002}$ 的公式表示,从而符合人们的习惯,即材料越硬,硬度值(HRC)越大。

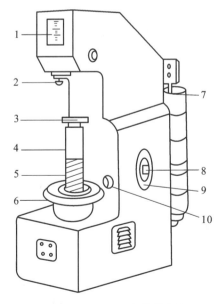

图 2-2　HB-3000 布氏硬度计

1—指示灯;2—压头;3—工作台;4—立柱;5—丝杠;6—手轮;
7—载荷砝码;8—压紧螺钉;9—时间定位器;10—加载按钮

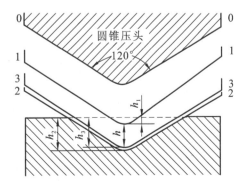

图 2-3　洛氏硬度测定原理示意图

2.2 铁碳合金

钢和铸铁是制造机器设备的主要金属材料,它们都是以铁、碳为主要组元的合金,即铁碳合金。工业上将碳的质量分数小于2.11%的铁碳合金称为钢。钢具有良好的使用性能和加工性能,因此得到了广泛的应用。铸铁是碳的质量分数大于2.11%并含有较多硅、锰、硫、磷等元素的多元铁基合金。铸铁具有许多优良的性能,且成本低廉,因而是应用最广泛的材料之一,例如,机床床身、内燃机的气缸体等都可用铸铁制造。

2.2.1 钢的分类

1. 按化学成分分

碳素钢(也叫碳钢)按碳的质量分数可以分为低碳钢、中碳钢和高碳钢。

合金钢按合金元素的质量分数可以分为低合金钢、中合金钢和高合金钢。

2. 按用途分

钢按用途可以分为结构钢、工具钢和特殊性能钢。

结构钢包括工程用钢和机器用钢。

工具钢用于制作各类工具,包括刃具钢、量具钢和模具钢等。

特殊性能钢包括不锈钢、耐热钢、耐磨钢等。

3. 按质量(硫、磷的质量分数)分

钢按质量(硫、磷的质量分数),可分为普通质量钢、优质钢和高级优质钢等。

2.2.2 钢材牌号的表示方法

1. 碳素钢

1) 碳素结构钢

碳素结构钢的牌号用代表屈服点的字母"Q"、屈服强度值、质量等级符号(A、B、C、D,等级依次升高)、脱氧方法符号(F表示沸腾钢,b表示半镇静钢,Z表示镇静钢,TZ表示特殊镇静钢,镇静钢和特殊镇静钢可不标符号,即Z和TZ都可以不标)来表示。例如,Q235AF表示屈服强度为235 MPa的A级沸腾钢。

常用的碳素结构钢有以下几种。

(1) Q195、Q215,塑性和韧性好,用于制造薄板、冲压件和焊接件。

(2) Q235,强度较高,用于制造钢板、钢筋和承受中等载荷的机械零件,如拉杆、连杆和转轴等。

(3) Q255、Q275,强度高,质量好,用于制造建筑、桥梁中重要的焊接结构件。

2) 优质碳素结构钢

优质碳素结构钢的牌号直接用两位数字表示,这两位数字表示钢中平均碳的质量分数的一万倍。例如,45钢表示平均碳的质量分数为0.45%的优质碳素结构钢。

常用的优质碳素结构钢有以下几种。

(1) 10～25钢,具有较好的塑性、韧性、焊接性能和冷成形性,主要用于制造各种冲压件和焊接件。

(2) 30～55钢,强度较高,有一定的塑性和韧性,经适当的热处理后,具有较好的综合力学性能,用于制造齿轮、轴、螺栓等重要零件。

（3）65～85 钢,具有较高的强度和硬度,但塑性和韧性较差,经淬火加中温回火后有较高的弹性极限和屈强比,常用于制造弹簧和耐磨件。

3）碳素工具钢

碳素工具钢的牌号由"T"和数字组成,数字表示平均碳的质量分数的一千倍。例如,T8表示平均碳的质量分数为 0.8% 的碳素工具钢。

常用的碳素工具钢的牌号为 T7～T13,其中 T7、T8、T9 用于制造承受冲击载荷的工具,如冲子、凿子、锤子等;T10、T11 用于制造低速切削工具,如钻头、丝锥、车刀等;T12、T13用于制造耐磨工具,如锉刀、锯条等。

2. 合金钢

为了提高钢的力学性能、工艺性能等,在冶炼时会加入一些合金元素,如硅、锰、铬、镍、钼、钨、钒、钛、铌、钴等,这种钢称为合金钢。根据添加元素的不同,并采取适当的加工工艺,可使钢具有高强度、高韧性、耐磨、耐腐蚀、耐低温、耐高温、无磁性等特殊性能。常用合金钢的类型、牌号和用途如表 2-2 所示。

表 2-2 常用合金钢的类型、牌号和用途

类　　型	常 用 牌 号	用　　途
低合金高强度结构钢	Q345	石油化工设备、船舶、桥梁、车辆
合金结构钢	20CrMnTi	汽车、拖拉机的齿轮和凸轮
	40Cr	齿轮、轴、曲轴
合金弹簧钢	65Mn	汽车、拖拉机的板簧和螺旋弹簧
滚动轴承钢	GCr15	中、小型轴承内外套圈及滚动体
量具、刃具钢	9SiCr	丝锥、板牙、钻头、铰刀、齿轮铣刀、轧辊
高速工具钢	W18Cr4V	高速切削车刀、钻头、锯片等
冷作模具钢	Cr12	冷作模、挤压模、压印模、搓丝板等
热作模具钢	5CrNiMo	大型热锻模
	5CrMnMo	中、小型热锻模

2.2.3 铸铁的分类及应用

1. 灰口铸铁

灰口铸铁的组织是由铁液缓慢冷却时通过石墨化过程形成的,这种铸铁中的碳大部分或全部以片状石墨形式存在,其断口呈暗灰色。灰口铸铁具有优良的减振性、耐磨性、铸造性、切削加工性,且缺口敏感性小,是应用最广泛的铸铁,主要用于铸造承受压力和振动的零部件毛坯,如机床床身,以及各种箱体、壳体和缸体等。

2. 白口铸铁

白口铸铁的组织中完全或几乎没有石墨,碳主要以渗碳体形式存在,其断口呈亮白色,硬而脆,不能进行切削加工。白口铸铁很少直接用来制造机械零件,仅适用于制造承受较小的冲击载荷的零件,如磨片、导板等。由于白口铸铁具有很高的表面硬度和耐磨性,所以白

口铸铁又称为激冷铸铁或冷硬铸铁。

3. 麻口铸铁

麻口铸铁是介于白口铸铁和灰口铸铁之间的一种铸铁。麻口铸铁中的碳一部分以渗碳体形式存在,另一部分以石墨形式存在,断口夹杂着亮白色的游离渗碳体和暗灰色的石墨,因此其断口呈灰白相间的麻点状。麻口铸铁的性能不好,应用极少。

根据铸铁中石墨形式的不同,除了灰口铸铁(片状石墨)之外,还有可锻铸铁(团絮状石墨)、球墨铸铁(球状石墨)和蠕墨铸铁(蠕虫状石墨)等。

4. 可锻铸铁

可锻铸铁是将白口铸铁坯件经石墨化退火而形成的。由于其石墨呈团絮状,大大减轻了对金属基体的割裂作用,因此其抗拉强度得到了显著提高(一般可达 300～400 MPa),而且这种铸铁还具有相当高的塑性与韧性。可锻铸铁主要用于制造形状复杂且承受振动载荷的薄壁小型零件,如管接头、低压阀门的阀体等。

5. 球墨铸铁

球墨铸铁是通过在浇铸前向铁液中加入一定量的球化剂和孕育剂而形成的。由于其石墨呈球状,对金属基体的割裂作用进一步减小,故其强度和韧性远远超过了灰口铸铁,可与钢媲美,其抗拉强度一般为 400～600 MPa。球墨铸铁在汽车、工程机械、机床、动力机械、管道等方面得到了广泛应用,可部分取代碳素钢制造受力复杂,强度、韧性和耐磨性要求高的零件。

6. 蠕墨铸铁

与球墨铸铁类似,蠕墨铸铁是铁液经蠕化处理和孕育处理得到的,其石墨形状介于片状和球状之间,因此其力学性能介于灰口铸铁和球墨铸铁之间。蠕墨铸铁主要用于代替高强度灰口铸铁制造重型机床、大型柴油发动机的机体,也可以用于制造耐热疲劳的钢锭模、金属型及要求气密性好的阀体等。

常用铸铁的牌号、性能及应用如表 2-3 所示。

表 2-3 常用铸铁的牌号、性能及应用

种　类	常用牌号	性　能	应　用
灰口铸铁	HT150	组织疏松,机械性能不太好,生产工艺简单,价格低廉	手工铸造用砂箱、底座、外罩、重锤等
	HT200		一般运输机械中的气缸体、气缸盖、飞轮等;一般机床中的床身等;通用机械中承受中等压力的阀体等;动力机械中的外壳、轴承座等
	HT250		运输机械中的薄壁气缸体、气缸盖等;机床中的立柱、横梁、床身、滑板、箱体等;冶金矿山机械中的轨道板、齿轮等
可锻铸铁	KTH300-06	强度、韧性、塑性优于灰口铸铁,生产工艺复杂,成本高	管道、弯头、接头、三通等
	KTZ450-06		曲轴、凸轮轴、连杆、齿轮、活塞环、轴套、摇臂、传动链条、矿车车轮等

种　类	常用牌号	性　　能	应　　用
球墨铸铁	QT400-15	强度高,耐磨性好,有一定的韧性,生产工艺比可锻铸铁简单	汽车、拖拉机的底盘零件;阀门的阀体和阀盖等
	QT600-3 QT700-2		柴油发动机、汽油发动机的曲轴;磨床、铣床、车床的主轴;空压机、冷冻机的气缸套等
蠕墨铸铁	RuT260	力学性能介于灰口铸铁和球墨铸铁之间,铸造性能、减振性和导热性优于球墨铸铁,与灰口铸铁相近	汽车、拖拉机的某些底盘零件等
	RuT300		排气管、变速箱体、气缸盖、纺织机零件、钢锭模等
	RuT380 RuT420		活塞环、气缸套、制动盘、刹车鼓、钢珠研磨盘等

2.2.4　铁碳合金的基本组织和显微组织观察

1. 铁碳合金的基本组织

这里主要介绍铁碳合金的平衡组织。铁碳合金的平衡组织是指铁碳合金在极为缓慢的冷却条件下所得到的组织。由于铁碳合金中碳的质量分数的不同,其平衡组织的结构和特点也不同。铁碳合金可以分为工业纯铁、钢和铸铁三大类,其中,钢又可分为亚共析钢、共析钢和过共析钢三种,铸铁又可分为亚共晶白口铸铁、共晶白口铸铁和过共晶白口铸铁三种。

铁碳合金的平衡组织在金相显微镜下具有以下四种基本形式。

(1) 铁素体,用符号 F 表示,其强度和硬度低,塑性和韧性很好,所以具有铁素体组织多的低碳钢能进行冷变形、锻造和焊接。图 2-4 所示为亚共析钢的显微组织,图中呈块状分布的白亮部分就是铁素体。

(2) 渗碳体,用符号 Fe_3C 表示。渗碳体是铁与碳形成的稳定化合物,质地硬而脆,耐腐蚀性强。

(3) 珠光体,用符号 P 表示。珠光体是铁素体和渗碳体呈层片状交替排列的机械混合物。在不同放大倍数的显微镜下可以看到具有不同特征的珠光体组织。图 2-5 所示为共析钢的显微组织,其组织全部为珠光体。图 2-6 所示为过共析钢的显微组织,其组织由珠光体晶粒及其周边的网状渗碳体组成。

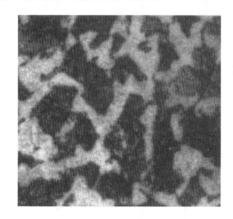

图 2-4　亚共析钢的显微组织 (400×)

图 2-5　共析钢的显微组织 (400×)

(4) 莱氏体,在室温下是珠光体和渗碳体所组成的机械混合物。其组织特征是在亮白色的渗碳体基底上相间地分布着暗黑色斑点及细条状珠光体,如图 2-7 所示。

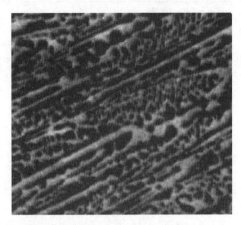

图 2-6　过共析钢的显微组织(400×)　　　　图 2-7　莱氏体的显微组织(400×)

2. 铁碳合金的显微组织观察

用金相显微镜将专门制备的试样放大 50～1 500 倍,可观察和分析铁碳合金的显微组织形态,也可研究成分、热处理工艺与显微组织之间的关系。金相分析是研究金属材料内部组织和缺陷的主要方法之一。

2.3　热处理

对固态金属或合金采用适当的方式加热、保温和冷却,以获得所需要的组织结构与性能的加工方法称为热处理。金属热处理是机械制造中的重要工艺之一,与其他加工工艺相比,热处理一般不改变工件的形状和整体的化学成分,而是通过改变工件内部的显微组织或改变工件表面的化学成分,改善工件的使用性能。

钢的热处理可以分为以下三类。

(1)普通热处理,是一种对工件整体进行穿透加热的热处理工艺,常用的有退火、正火、淬火和回火。

(2)表面热处理,是一种仅对工件表面进行热处理,以改变其组织和性能的工艺,常用的是表面淬火。

(3)化学热处理,是一种将工件置于一定温度的活性介质中保温,使一种或几种元素渗入其表面,以改变其化学成分、组织和性能的热处理工艺,常用的有渗碳、渗氮、碳氮共渗等。

根据热处理在零件加工过程中的位置和作用的不同,热处理工艺可分为以下几种。

(1)预备热处理,是零件加工过程中的一道中间工序,目的是改善毛坯件的组织,消除残余应力,降低硬度,为后续的机械加工和最终热处理做好组织准备。

(2)最终热处理,指能赋予工件使用性能的热处理。

热处理的工艺过程包括以下三个步骤。

(1)加热:以一定的加热速度把零件加热到规定的温度范围。材料不同,其加热工艺和加热温度都不同。

(2)保温:工件在规定的温度下保持一定时间,使零件内外温度均匀。保温时间和介质的选择与工件的尺寸和材质都有直接关系。

（3）冷却：最后一道工序，也是最重要的一道工序。冷却速度不同，将得到不同的组织和性能。

把零件的加热、保温、冷却过程绘制在温度-时间坐标系中，可以得到热处理工艺曲线，如图 2-8 所示。

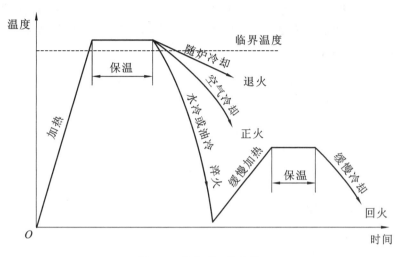

图 2-8　热处理工艺曲线

2.3.1　碳钢的热处理

1．退火

将钢件加热到某一温度并保温一定时间，然后随炉缓慢冷却，使钢件获得平衡组织的热处理方法称为退火。其目的是降低硬度，改善切削加工性能；消除残余应力，稳定尺寸，减小变形与开裂的倾向；细化晶粒，调整组织，消除组织缺陷。退火工艺适用于亚共析成分的碳钢、合金钢铸件、锻件及热轧型材、焊接件等。

2．正火

正火是将钢件加热到临界温度以上 30～50 ℃，保温后出炉空冷的热处理工艺。正火与退火的不同之处是正火的冷却速度比退火的冷却速度稍快，因此正火组织要比退火组织更细一些，其力学性能也有所提高，另外，正火采用炉外冷却，不占用设备，生产效率较高，因此生产中尽可能用正火来代替退火。

3．淬火

将钢件加热到临界温度以上并保温一定时间，然后在水或油中快速冷却的热处理方法称为淬火。淬火的目的是提高钢件的硬度和耐磨性。淬火是钢件强化最经济、最有效的热处理工艺，几乎所有的工模具和重要零部件都要进行淬火处理。淬火之后，材料的内部组织发生了变化，工件的硬度和耐磨性提高，但塑性和韧性下降，脆性加大，并产生了较大的内应力，因此必须及时进行回火处理，以消除内应力，防止工件变形或开裂。

1）淬火介质

淬火时常用的冷却介质为水和油。水是最便宜且冷却能力很强的冷却介质，主要用于一般碳钢零件的淬火。如果在水中加盐，则其冷却能力可以进一步提高，这对于一些大尺寸碳钢零件的淬火非常有益。油的冷却能力较差，因此，以油为冷却介质时工件的冷却速度较慢，但是可以避免出现淬火开裂缺陷，适宜于合金钢的淬火。

2）工件浸入淬火介质中的操作方法

淬火时工件浸入淬火介质中的操作方法对工件变形和开裂有着很大的影响。淬火时应保证工件冷却均匀、内应力减小、重心稳定,因此正确的操作方法如下:厚薄不均的零件应使厚重部分先浸入淬火介质中;细长类零件应垂直浸入淬火介质中;薄而平的工件(如圆盘、铣刀等)应立着浸入淬火介质中;薄壁环状零件浸入淬火介质中时,其轴线必须垂直于液面;带有不通孔的零件浸入淬火介质中时其孔应该朝上;十字形或 H 形工件应倾斜着浸入淬火介质中。不同形状的零件浸入淬火介质中的方法如图 2-9 所示。

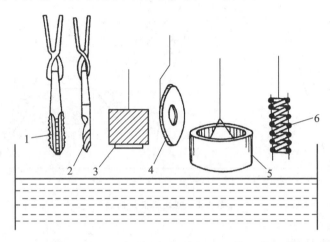

图 2-9　不同形状的零件浸入淬火介质中的方法
1—丝锥;2—钻头;3—铣刀;4—圆盘;5—钢圈;6—弹簧

4. 回火

将淬火后的工件再次加热,在一定温度下保温一段时间(2～4 h),然后缓慢冷却的热处理方法称为回火。回火的目的如下:减少或消除淬火内应力,防止工件变形或开裂;获得工艺所要求的力学性能;稳定工件尺寸;对于某些高淬透性的钢,能缩短软化周期。根据回火温度的不同,可以将回火分为低温回火、中温回火和高温回火三类。

2.3.2　铸铁的热处理

铸铁热处理的目的是改变基体组织,改善铸铁性能,消除铸件中的残余内应力。值得注意的是,热处理并不能改变石墨的形态及分布。

1. 去应力退火(又称为人工时效)

去应力退火是指将铸件在一定的温度下保温,然后缓慢冷却,以消除铸件中的残余内应力,稳定铸件组织。对于灰口铸铁,去应力退火可以稳定铸件的几何尺寸,减小切削加工后的变形;对于白口铸铁,去应力退火可以避免铸件在存放、运输和使用的过程中受到振动或环境发生变化时产生变形甚至开裂。

普通灰口铸铁的去应力退火温度为 550 ℃,当铸铁中含有稳定基体组织的合金元素时,可适当提高去应力退火温度,低合金灰口铸铁的去应力退火温度为 600 ℃,高合金灰口铸铁的去应力退火温度可提高到 650 ℃。加热速度一般为 60～100 ℃/h。随炉冷却速度应控制在 30 ℃/h 以下,一般铸件冷却至 150～200 ℃后出炉,形状复杂的铸件冷却至 100 ℃后出炉。普通白口铸铁的去应力退火温度不应超过 500 ℃。

2. 石墨化退火

石墨化退火的目的是使铸铁中的渗碳体分解为石墨和铁素体。这种热处理工艺是可锻铸铁生产的必要环节。在灰口铸铁的生产中,为了降低硬度,便于切削加工,有时也采用这种工艺方法。在球墨铸铁的生产中常用这种处理方法获得高韧性的铁素体球墨铸铁。

2.3.3 热处理常用设备及使用

热处理加热的专用设备称为热处理炉,根据热处理方法的不同,所用的热处理炉也不同,常用的有箱式电阻炉等。

1. 箱式电阻炉的结构及使用

箱式电阻炉按工作温度可分为高温箱式电阻炉、中温箱式电阻炉及低温箱式电阻炉三种,其中,中温箱式电阻炉的应用最广,其最高工作温度为 950 ℃,可用于碳素钢、合金钢的退火、正火、淬火。中温箱式电阻炉结构简图如图 2-10 所示。

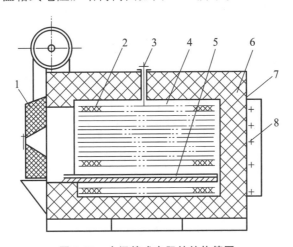

图 2-10 中温箱式电阻炉结构简图

1—炉门;2—电热体;3—热电偶;4—炉膛;5—炉底板;6—炉衬;7—炉壳;8—电热体引出端

操作电阻炉时应注意严禁撞击炉衬,进料时不得随意乱抛,不要触碰电阻丝,以免引起短路。电阻炉本体及温度控制系统应保持清洁,勤检查,防止烧毁电热元件。炉内的氧化铁屑必须清除干净,以防粘在电热元件上发生短路。

2. 测温仪表及使用

热处理时,为了准确地测量和控制零件的加热温度,常用热电偶温度计进行测温。下面介绍热电偶温度计的结构及使用。

热电偶温度计由热电偶和调节式毫伏计组成。

1)热电偶

热电偶由两根化学成分不同的金属丝或合金丝组成。热电偶温度计示意图如图 2-11 所示,A 端焊接起来插入炉中,称为工作端(热端),另一端(C_1、C_2)分开,称为自由端(冷端),用导线与温度指示仪表连在一起。当工作端放在加热炉中被加热时,工作端与自由端存在温差,自由端便产生电位差,使带有温度刻度的毫伏计的指针发生偏转。温差越大,电位差就越大,指示温度值也就越大。

热电偶的两根导线应彼此绝缘,以防止短路,并避免热电偶损坏,因此两根导线用瓷管隔开并装在保护管中。

2)调节式毫伏计

调节式毫伏计外形图如图 2-12 所示。在调节式毫伏计的刻度盘上,一般都已把电位差换算成温度。一种规格的调节式毫伏计只能与相应分度号的热电偶配合使用,在其刻度盘的左上角注有配用的热电偶分度号,使用时要注意。调节式毫伏计上连接热电偶正、负极的接线柱有正、负极之分,接线时应注意极性不可以接反。

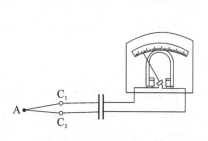

图 2-11　热电偶温度计示意图

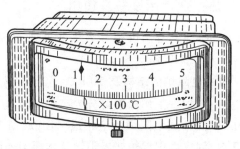

图 2-12　调节式毫伏计外形图

调节式毫伏计既能测量温度,又能控制温度。使用时,旋动调节旋钮就可以将给定针调节在所需要的加热温度(一般叫给定温度)的刻度线上。当反映实际加热温度的指针移动到给定针所指示的刻度线上时,调节式毫伏计的控制装置可以切断加热炉的热源,使炉温下降。当指针所指示的温度低于给定温度时,它的控制装置又能够重新接通加热炉的热源,使炉温上升。像这样反复,炉温就被维持在给定温度附近了。

2.4　常用量具

在切削加工过程中,为了确定所加工的零件是否达到图纸要求(包括加工精度和表面粗糙度),必须用工具对工件进行测量,这些测量工具简称为量具。量具的种类很多,本节仅介绍常用的几种。

2.4.1　游标卡尺

游标卡尺是一种比较精密的量具,它可以测量出工件的内径、外径、长度及深度等尺寸。按照用途,游标卡尺可分为通用游标卡尺和专用游标卡尺两大类。

通用游标卡尺按测量精度可分为 0.10 mm、0.05 mm、0.02 mm 三个量级;按尺寸测量范围可分为 0~125 mm、0~150 mm、0~200 mm、0~300 mm、0~500 mm 等多种规格。下面以测量精度为 0.02 mm 的通用游标卡尺[见图 2-13(a)]为例,说明它的读数原理和方法。

1. 读数原理

当主、副尺的卡脚贴合时,副尺(游标)上的零线对准主尺上的零线[见图 2-13(b)],主尺上 49 mm(49 格)正好等于副尺上的 50 格,则副尺每格长度＝49/50 mm＝0.98 mm。主尺与副尺每格相差 0.02 mm。

2. 读数方法

如图 2-13(c)所示,先由副尺零线以左的主尺读出最大整数 31 mm,然后由副尺零线以右与主尺刻度线对准的刻度线数 24 乘以主、副尺每格之差 0.02 mm 读出小数 0.48 mm,把读出的整数和小数相加即为测量的尺寸 31.48 mm。

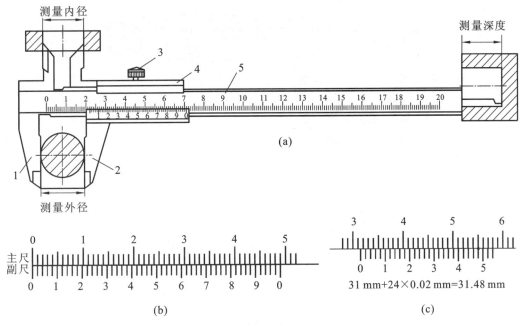

图 2-13　测量精度为 0.02 mm 的通用游标卡尺及读数方法
1—固定卡脚;2—活动卡脚;3—制动螺钉;4—副尺;5—主尺

3. 注意事项

使用游标卡尺时应注意下列事项。

(1) 检查零线。使用前应先擦净游标卡尺,合拢卡脚,检查主、副尺的零线是否重合,若不重合,记下误差,测量时用它来修正读数。按规定,如果主、副尺误差较大,应送计量部门检修。

(2) 放正卡尺,用力适当。测量时,应使卡脚与工件表面逐渐接触,最后达到轻微接触,卡脚不得用力压紧工件,以免卡脚变形或磨损,降低测量精度。另外,还要注意放正卡尺,切忌歪斜,以免测量不准。

(3) 防止松动。卡尺如果需要取下来读数,应先拧紧制动螺钉将其锁紧,再取下卡尺。

(4) 读数时,视线要垂直于卡尺并对准所读刻度线,以免读数不准。

(5) 不得用卡尺测量表面粗糙和正在运动的工件。

(6) 不得用卡尺测量高温工件,否则会使卡尺受热变形,影响测量。

专用游标卡尺有深度尺和高度尺两种,分别用来测量深度和高度。

2.4.2　千分尺

千分尺分为外径千分尺、内径千分尺和深度千分尺等,其测量精度比游标卡尺更高,为 0.01 mm。千分尺及读数方法如图 2-14 所示。

千分尺的测量尺寸由 0.5 mm 的整数倍和小于 0.5 mm 的小数两部分组成,具体读数方法如下。

(1) 0.5 mm 的整数倍:固定套筒上距离微分筒边线最近的刻度数。

(2) 小于 0.5 mm 的小数:微分筒上与固定套筒中线重合的圆周刻度数乘以 0.01。

使用千分尺时应注意以下几点。

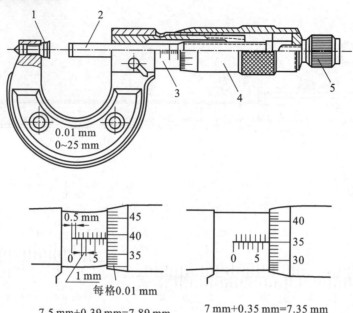

每格0.01 mm

7.5 mm+0.39 mm=7.89 mm　　　　7 mm+0.35 mm=7.35 mm

图 2-14　千分尺及读数方法

1—砧座；2—测微螺杆；3—固定套筒；4—微分筒；5—棘轮

（1）使用前将千分尺的砧座和测微螺杆擦净接触，检查圆周刻度零线是否与中线零点对齐，若有误差，记下此值，测量时要根据这一误差修正读数。

（2）测量时，先旋转微分筒使测微螺杆快要接触工件，再拧动端部的棘轮，当听到"嘎嘎"的打滑声时，停止拧动，否则，将会导致测微螺杆弯曲或测量面磨损。另外，工件一定要放正。

2.4.3　百分表

百分表是将测量杆的直线位移转变为角位移的高精度的量具，主要用来检查工件的形状和位置误差，也常用于校正装夹位置。百分表及其安装示意图如图 2-15 所示。

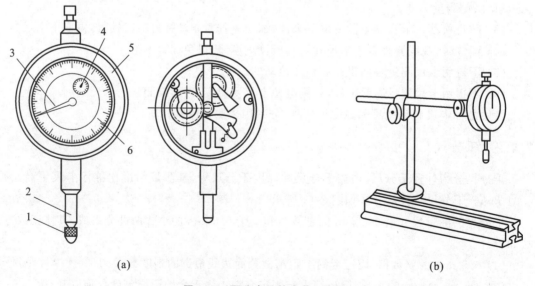

(a)　　　　　　　　　　　　　　　　　　(b)

图 2-15　百分表及其安装示意图

1—测量头；2—测量杆；3—长指针；4—短指针；5—表壳；6—刻度盘

百分表的测量尺寸由整数和小数两部分组成,具体读数方法如下。

(1) 整数:短指针转过的刻度数。

(2) 小数:长指针转过的刻度数乘以 0.01。

使用百分表时应注意以下几点。

(1) 使用前应检查测量杆活动是否灵活。

(2) 使用时常将百分表装于专用的百分表尺架上,保证测量杆与被测的平面或圆的轴线垂直。

(3) 被测工件表面应光滑,测量杆的行程应小于测量范围。

2.4.4 量规

量规包括塞规和卡规(见图 2-16),是用于成批大量生产的专用量具。量规无刻度,只能检验工件是否合格,不能测量出工件的具体尺寸。塞规用来检验孔径或槽宽,卡规用来检验直径或厚度,二者都有通端和止端,通端和止端配合使用。

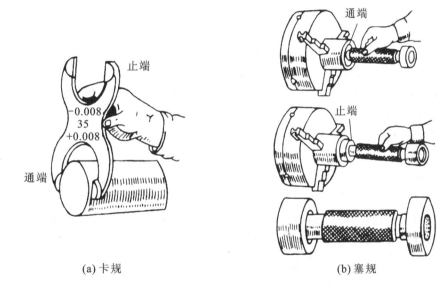

(a) 卡规   (b) 塞规

图 2-16 量规及其使用

塞规的通端直径等于工件的最小极限尺寸,止端直径等于工件的最大极限尺寸;卡规则相反。无论是塞规还是卡规,检验工件时,若通端能通过而止端不能通过,说明工件的实际尺寸在规定的公差范围之内,工件为合格品,否则就是不合格品。

第3章 铸造

3.1 概述

铸造是指熔炼金属,制造铸型,并将熔融的金属液浇注入铸型内,待金属液冷却凝固后获得所需形状和性能的毛坯或零件的成形方法。铸造是机械制造中生产机器零件或毛坯的主要方法之一,通常用来制造形状复杂或大型的工件、承受静载荷及压应力的机械零件,如床身、机座、支架、箱体等。其实质是利用熔融金属的流动性能实现成形。与其他金属加工方法相比,铸造生产具有如下优点。

(1)原材料来源广泛。大部分铸造生产可以就地取材,而且可以利用金属废料。铸铁、铸钢,以及铜合金、铝合金、镁合金、锌合金等均可用于铸造。

(2)生产成本低。铸造生产不需要大型、精密的设备,可由熔融金属直接获得形状和尺寸与零件接近的毛坯,甚至可以直接获得零件(精密铸造),大量节省了金属材料和加工工时,以及生产组织、半成品运输等费用,从而降低了铸件的生产成本。

(3)铸件的形状与零件接近,尺寸不受限制。铸件的轮廓尺寸可由几毫米到数十米,壁厚可由 0.5 mm 到 1 m,质量可由几克到数万千克。采用铸造工艺既可以生产形状简单的零件,也可以生产形状十分复杂的零件。机器中形状复杂的箱体、缸体、床身、机架等往往都是铸件。

因此,铸造在机器制造业中的应用极其广泛。

但铸造生产目前还存在着若干问题,例如:铸件内部组织粗大,常有缩松、气孔等铸造缺陷,导致铸件的力学性能不如锻件高;铸造工序多,并且一些工艺过程还难以精确控制,使得铸件质量不够稳定,废品率高;铸造生产的劳动强度大,生产条件差,铸造生产过程中产生的粉尘、有害气体和噪声会对环境造成污染。

铸造主要分为砂型铸造和特种铸造两大类。砂型铸造是将熔融的金属液注入砂型,凝固后获得铸件的方法,与砂型铸造不同的其他铸造方法都称为特种铸造。目前,砂型铸造的应用非常广泛,所得铸件占铸件总量的 90% 以上。砂型铸造的工艺过程如图 3-1 所示,其中,造型与造芯两道工序对铸件的质量和铸造的生产效率影响最大。

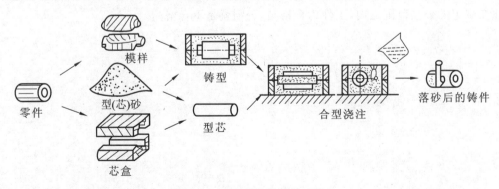

图 3-1 砂型铸造的工艺过程

3.2 型砂与芯砂

铸型是用型砂、金属材料或其他耐火材料制成的。铸型的结构如图 3-2 所示,包括形成铸件形状的型腔、型芯、浇注系统等。铸型各组成部分的名称和作用如表 3-1 所示。制造铸型用的材料统称为造型材料。砂型铸造所用的造型材料主要有型砂和芯砂两类。铸件的夹砂、气孔及裂纹等缺陷均与型砂和芯砂的质量有关系。

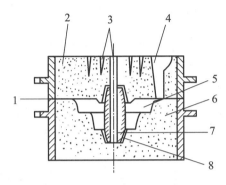

图 3-2 铸型的结构

1—分型面;2—上型;3—出气孔;4—浇注系统;5—型腔;6—下型;7—型芯;8—芯座

表 3-1 铸型各组成部分的名称和作用

名 称	作 用
上型(上箱)	浇注时铸型的上部组元
下型(下箱)	浇注时铸型的下部组元
分型面	铸型组元之间的接合面
型砂	按一定比例混合制成的符合造型要求的混合料
浇注系统	为金属液填充型腔而开设于铸型中的一系列通道
冒口	在铸型内储存供补缩铸件用熔融金属的空腔,冒口还具有排气和集渣的作用
型腔	铸型中造型材料所包围的与铸件形状相适应的空腔
排气道	在铸型或型芯中,为了排出浇注时形成的气体而设置的沟槽或孔道
型芯	为了获得铸件的内孔或局部外形,用芯砂或其他材料制成并安装在型腔内部的铸型组元
出气孔	在型砂或型芯上用通气针扎出的通气孔,该孔的底部与模样间隔一定距离
冷铁	为了增加铸件局部的冷却速度,在型砂、型芯表面或型腔中放置的金属

3.2.1 型砂和芯砂应具备的主要性能

1. 可塑性

可塑性指型(芯)砂在外力作用下变形,当外力消除后仍能保持外力作用时的形状的能力。可塑性好,造型方便,易于成形,能获得型腔清晰的铸型,从而可以保证铸件具有精确的轮廓尺寸。可塑性与含水量、黏结剂的材质及数量有关。

2. 强度

强度指型(芯)砂抵抗外力破坏的能力。强度过低,易造成塌箱、冲砂、砂眼等缺陷。黏土砂中黏土的含量越高,砂型的紧实度越高,强度越高。

3. 透气性

透气性指紧实后砂型的孔隙度。如果透气性差,则易在铸件内部形成气孔等缺陷。型(芯)砂的颗粒粗大、均匀,且为圆形,黏土含量少均可使透气性提高。含水量过多、过少均会使透气性降低。

4. 耐火性

耐火性指型(芯)砂在高温液态金属的作用下不软化、不烧结、不熔化的性能。耐火性差会造成铸件表面黏砂,增加清理和切削加工的难度,严重时还会使铸件报废。型(芯)砂中 SiO_2 含量越多,型(芯)砂颗粒越大,耐火性越好。

5. 退让性

退让性指铸件在凝固时,型(芯)砂可以被压缩的性能。退让性差,铸件收缩困难,铸件会产生较大的内应力,甚至会引起铸件变形和开裂。

此外,型(芯)砂还应具有较好的流动性、溃散性、耐用性、抗吸湿性和回用性等。

3.2.2 常用型砂、芯砂的种类及应用

型(芯)砂是由原砂、黏结剂和附加物按一定比例混合制成的符合造型(制芯)要求的混合料。型(芯)砂按黏结剂的种类可分为以下几种。

1. 黏土砂

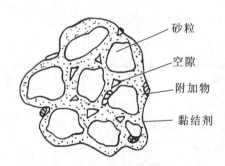

图 3-3　黏土砂结构示意图

黏土砂是由原砂、黏土、水和附加物(煤粉、木屑等)按比例混合制成的。黏土砂是迄今为止铸造生产中应用最广泛的型(芯)砂,可用于制造铸铁件、铸钢件及有色合金铸件的铸型和不重要的型芯。黏土砂按浇注时的烘干程度可分为湿型砂和干型砂两大类,按功能及使用方式的不同,可分为面砂、背砂等。图 3-3 所示为黏土砂结构示意图。

2. 水玻璃砂

水玻璃砂是以水玻璃为黏结剂配制而成的型(芯)砂。它是除了黏土砂之外应用最广泛的一种型(芯)砂。用水玻璃砂制成的铸型、型芯具有无须烘干、硬化快、强度高、尺寸精确、便于组织流水生产等优点。但它的溃散性差,导致铸件清理困难和旧砂回用性差。一般可以通过减少水玻璃的加入量、应用非钠水玻璃、加入溃散剂等措施来改善水玻璃砂的溃散性。

3. 油砂、合脂砂和树脂砂

油砂的黏结剂是植物油,如桐油、亚麻油等。由于油料是工业的重要原料,来源有限,现在越来越多地用合脂砂代替油砂。合脂砂的黏结剂是合脂,合脂是制皂工业的副产品,来源广泛,价格低廉,并且合脂砂烘干后强度高,退让性和溃散性很好,铸件不黏砂,内腔光洁。

树脂砂的黏结剂是树脂。它的优点是无须烘干,强度高,表面光洁,尺寸精确,退让性和溃散性好,易于实现机械化和自动化,缺点是在生产中会产生甲醛、苯酚、氨等刺激性气体,

污染环境。

3.2.3 型(芯)砂的制备及质量控制

型(芯)砂质量的好坏,取决于原材料的性质和配比,以及配制方法。目前,工厂一般都采用碾轮式混砂机混砂,碾轮式混砂机如图 3-4 所示。根据铸件大小、合金种类的不同,型砂和芯砂采用不同的原材料,按不同的比例配制而成。配制型砂时,原材料的比例为新砂 2%~20%、旧砂 80%~98%,另加黏土 8%~10%、煤粉 2%~5%等,将这些原材料按比例加入混砂机,干混 2~3 分钟,然后加水湿混 5~12 分钟,性能符合要求后出砂,使用前要过筛并使砂松散。型砂的性能一般可用型砂试验仪进行检测,也可用手捏法检验。在单件小批量生产的铸造车间里,常用手捏法来粗略判断型砂的某些性能,具体方法是:用手抓起一把型砂,紧捏时感到柔软且容易变形;手放开后砂团不松散,并且手纹清晰;折断时,断面平整、均匀,且没有碎裂现象,同时感到具有一定的强度,这样就可以认为型砂满足性能要求。手捏法检验型砂的具体操作如图 3-5 所示。

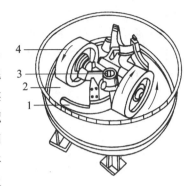

图 3-4　碾轮式混砂机
1—刮板;2—碾盘;3—主轴;4—碾轮

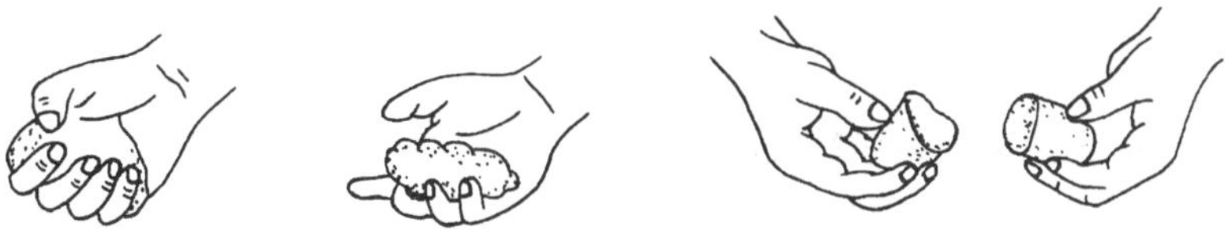

型砂湿度适当时　　　手放开后可看到　　　折断时断面没有碎裂现象,
可用手捏成砂团　　　　清晰的手纹　　　　同时感到具有一定的强度

图 3-5　手捏法检验型砂的具体操作

3.2.4 模样与芯盒

模样和芯盒是铸造生产中必要的工艺装备,模样用来形成铸件的外部形状,芯盒用来制造型芯,以形成铸件内部的内腔形状。制造模样和芯盒常用的材料有木材、金属和塑料。在单件小批量生产时广泛采用木质模样和芯盒,在大批量生产时多采用金属或塑料模样、芯盒。金属模样与芯盒可以使用 10 万~30 万次,塑料模样与芯盒可以使用几万次,而木质模样与芯盒仅能使用 1 000 次左右。

为了保证铸件质量,在设计和制造模样与芯盒时,必须先设计出铸造工艺图,然后根据工艺图制造模样与芯盒。在设计工艺图时,要考虑以下问题。

(1) 分型面。分型面是上、下型的分界面,选择分型面时必须使模样能从砂型中取出,并使造型方便,且有利于保证铸件质量。

(2) 脱模斜度。为了易于从砂型中取出模样,凡垂直于分型面的表面,都要做出 0.5°~4°的脱模斜度。

(3) 加工余量。铸件需要加工的表面,均需要留出适当的加工余量。

(4) 收缩量。铸件冷却时会收缩,模样的尺寸应考虑铸件收缩的影响。通常用于铸铁件的要加大 1%;用于铸钢件的要加大 1.5%~2%;用于铝合金铸件的要加大 1%~1.5%。

（5）铸造圆角。铸件上各表面的转折处，都要做成过渡性圆角，以利于造型及保证铸件质量。

（6）芯头。有砂芯的砂型，必须在模样上做出相应的芯头。

图 3-6 所示为压盖零件的铸造工艺图及相应的模样图，从图中可以看到模样的形状和零件图是不完全相同的。

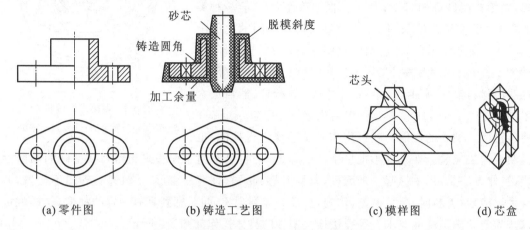

(a) 零件图　　(b) 铸造工艺图　　(c) 模样图　　(d) 芯盒

图 3-6　压盖零件的铸造工艺图及相应的模样图

3.3　造型、造芯与合型

3.3.1　造型

造型是砂型铸造最基本的工序，造型方法的选择是否合理，对铸件质量和成本有着重要影响。根据完成造型工序的方法的不同，造型通常分为手工造型和机器造型两种。

1. 手工造型

手工造型操作灵活，使用图 3-7 所示的手工造型工具可进行整模造型、分模造型、活块造型、挖砂造型、三箱造型、刮板造型及假箱造型等，生产过程中根据铸件的形状、大小和生产批量选择造型方法。

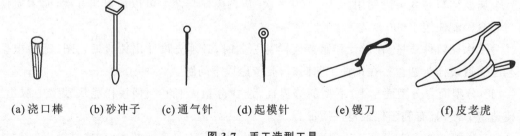

(a) 浇口棒　(b) 砂冲子　(c) 通气针　(d) 起模针　(e) 镘刀　(f) 皮老虎

图 3-7　手工造型工具

1）整模造型

整模造型的特点是：模样是整体结构，最大截面在模样一端为平面；分型面多为平面；操作简单。齿轮的整模造型过程如图 3-8 所示。整模造型适用于形状简单的铸件，如盘、盖等。

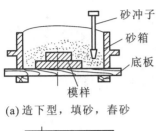

(a) 造下型，填砂，舂砂

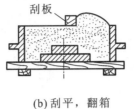

(b) 刮平，翻箱

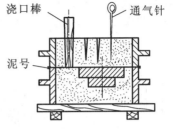

(c) 造上型，扎通气孔，打泥号

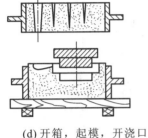

(d) 开箱，起模，开浇口

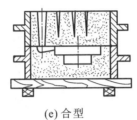

(e) 合型

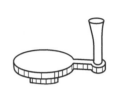

(f) 落砂后带浇口的铸件

图 3-8　齿轮的整模造型过程

2）分模造型

分模造型的特点是：模样是分开的，分型面必须是模样的最大截面，以利于起模。分模造型过程与整模造型过程基本相似，不同的是造上型时增加放上模样和取上模样两个操作。套筒的分模造型过程如图 3-9 所示。分模造型适用于形状复杂的铸件，如套筒、管子和阀体等。

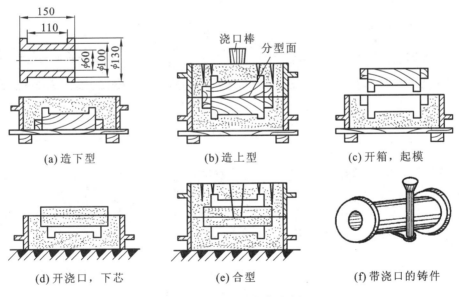

(a) 造下型　　　　　　(b) 造上型　　　　　　(c) 开箱，起模

(d) 开浇口，下芯　　　(e) 合型　　　　　　(f) 带浇口的铸件

图 3-9　套筒的分模造型过程

3）活块造型

模样上可拆卸或能活动的部分叫活块。当模样上有妨碍起模的侧面伸出部分（如小凸台）时，常将该部分做成活块。起模时，先将模样主体取出，再将留在铸型内的活块单独取

出,这种方法称为活块造型。用钉子连接活块进行造型时,应注意先将活块四周的型砂塞紧,然后拔出钉子。活块造型过程如图 3-10 所示。

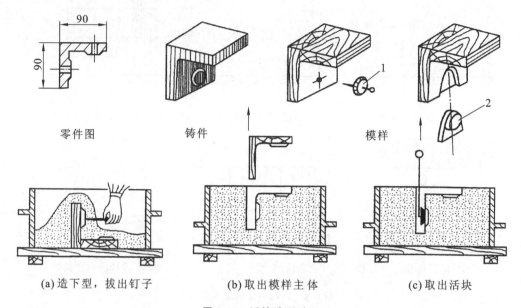

零件图　　　　　铸件　　　　　模样

(a) 造下型,拔出钉子　　　(b) 取出模样主体　　　(c) 取出活块

图 3-10　活块造型过程

1—用钉子连接活块;2—用燕尾榫连接活块

4) 挖砂造型

当铸件按结构特点需要采用分模造型,但由于条件限制(如模样太薄,制造困难)仍做成整模时,为了便于起模,下型分型面需要挖成曲面或有高低变化的阶梯形状(称为不平分型面),这种方法叫挖砂造型。手轮的挖砂造型过程如图 3-11 所示。

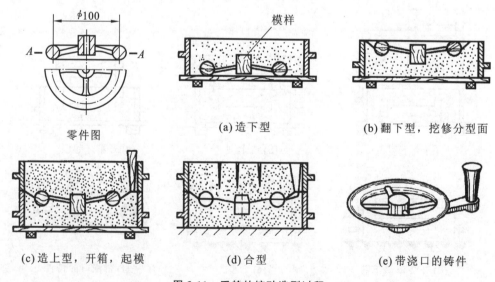

零件图　　　　(a) 造下型　　　　(b) 翻下型,挖修分型面

(c) 造上型,开箱,起模　　　(d) 合型　　　(e) 带浇口的铸件

图 3-11　手轮的挖砂造型过程

5) 三箱造型

用三个砂箱制造铸型的过程称为三箱造型。许多造型方法都是使用两个砂箱,操作简便,应用广泛。但有些铸件,如两端截面尺寸大于中间截面的铸件,需要用三个砂箱,从两个方向分别起模。带轮的三箱造型过程如图 3-12 所示。

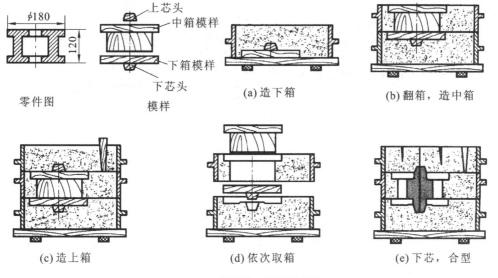

图 3-12　带轮的三箱造型过程

6）刮板造型

尺寸大于 500 mm 的旋转体铸件，如皮带轮、飞轮、大齿轮等单件生产时，为了节省木材、模样加工时间及费用，可以采用刮板造型。刮板是一块和铸件截面形状相适应的木板。造型时将刮板绕着固定的中心轴旋转，在砂型中刮制出所需的型腔。皮带轮铸件的刮板造型过程如图 3-13 所示。

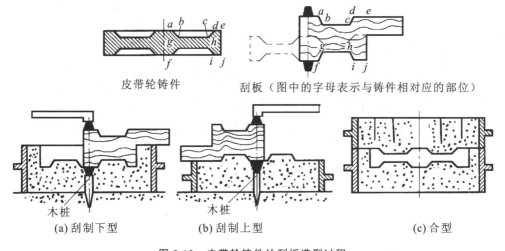

图 3-13　皮带轮铸件的刮板造型过程

7）假箱造型

假箱造型是指利用预制的成形底板或假箱代替挖砂造型中所挖去的型砂来造型，如图3-14 所示。

2．机器造型

用机器完成全部操作或至少完成紧砂操作的造型方法称为机器造型。与手工造型相比，机器造型可以大大提高劳动生产效率（如普通震压式造型机的生产效率为每小时 30～50 箱，高效率造型机每小时可达数百箱），改善了劳动条件，对环境的污染小。机器造型制造出

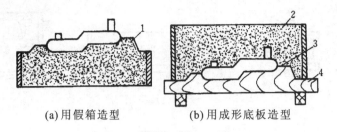

(a) 用假箱造型　　　　(b) 用成形底板造型

图 3-14　用假箱和成形底板造型

1—假箱；2—下型；3—最大分型面；4—成形底板

的铸件的尺寸精度和表面质量高，加工余量小，生产批量大时铸件成本较低。但是机器造型对厂房结构要求高，机器设备、模具、砂箱的投资费用高，生产准备时间长。因此，机器造型适用于中、小型铸件的成批或大量生产。

机器造型按照不同的紧砂方式可以分为震实式造型、压实式造型、震压式造型、抛砂造型、射砂造型等，其中，震压式造型和射砂造型的应用最广。图 3-15 所示为震压式造型机示意图。

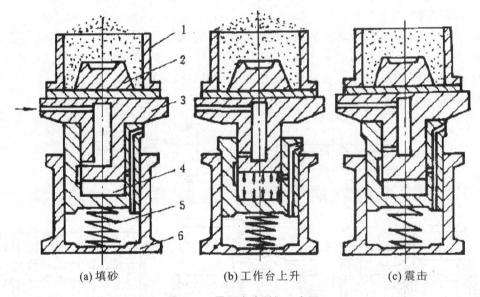

(a) 填砂　　　　(b) 工作台上升　　　　(c) 震击

图 3-15　震压式造型机示意图

1—砂箱；2—模板；3—工作台及微震活塞；4—微震气缸；5—弹簧；6—机座

机器造型采用模板进行两箱造型，所用模板可分为单面模板和双面模板两种，其中，单面模板的应用比较广泛。采用单面模板来造型，其特点是上、下型以各自的模板分别在两台配对的造型机上造型，造好的上、下型用箱锥定位而合型。对于小型铸件生产，有时采用双面模板进行脱箱造型。双面模板把上、下两个模及浇注系统固定在同一模样的两侧，此时，上、下型均在同一台造型机中制出，铸型合型后将砂箱脱除，并在浇注前在铸型上加套箱，以防错箱。

由于机器造型的紧砂方式不能紧实中箱，故不能进行三箱造型，同时，机器造型应当避免活块，因为取出活块时，会使造型机的生产效率显著降低，在设计铸造工艺方案时，必须考虑机器造型的这些工艺要求。

3.3.2 造芯

为了获得铸件的内腔或局部外形,用芯砂或其他材料制成的安放在型腔内部的铸型组元称为型芯。绝大部分型芯是用芯砂制成的。砂芯的质量主要依靠配制合格的芯砂及采用正确的造芯工艺来保证。在小批量生产中,多采用手工造芯;在大批量生产中,多采用机器造芯,但在一般情况下用得最多的还是手工造芯。手工造芯主要是用芯盒造芯。对开式芯盒造芯是常用的手工造芯方法,适用于圆形截面的较复杂型芯。对开式芯盒造芯过程如图3-16所示。

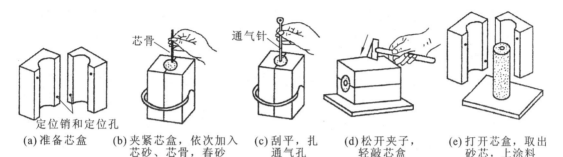

定位销和定位孔

(a) 准备芯盒　　(b) 夹紧芯盒,依次加入　　(c) 刮平,扎　　(d) 松开夹子,　　(e) 打开芯盒,取出
　　　　　　　　　　芯砂、芯骨,春砂　　　 通气孔　　　　 轻敲芯盒　　　　砂芯,上涂料

图 3-16　对开式芯盒造芯过程

浇注时砂芯会受到高温液态金属的冲击和包围,因此砂芯除了要具有与铸件内腔相适应的形状外,还要具有较好的透气性、耐火性、退让性等性能,故一般选用杂质少的石英砂、植物油、水玻璃等配制芯砂,并在砂芯内放入金属芯骨以提高强度。

形状简单的大、中型型芯,可用黏土砂来制造。但对于形状复杂和性能要求很高的型芯,必须采用特殊的黏结剂来配制。

3.3.3 砂芯的烘干与合型

对于大型、重型以及质量要求高的铸件,普通砂型和砂芯均需要经过烘干,以除去其中的水分,提高强度和透气性,使铸件不易产生气孔、砂眼、夹砂和黏砂等缺陷,从而保证铸件的质量。为了提高生产效率和降低成本,砂型只有在不干燥就不能保证铸件质量的情况下,才进行烘干。

合型就是把砂型和砂芯按要求组合在一起成为铸型的过程,习惯上也称为拼箱、配箱或扣箱。合型是制造铸型的最后工序,也是铸造生产的重要环节。如果合型质量不高,铸件的形状、尺寸和表面质量就得不到保证,甚至还会由于偏芯、错型等原因使铸件报废。

合型工作一般按以下步骤进行。

(1) 全面检查、清扫、修理所有的砂型和砂芯,特别要注意检查砂芯的烘干程度和通气孔是否通畅,不符合要求者,应返修或废弃。

(2) 按下芯次序依次将砂芯装入砂型,并严格检查和保证铸件壁厚、砂芯固定、芯头排气,同时填补接缝处的间隙。无牢固支承的砂芯,要用型芯撑在上下和四周加固,以防止砂芯在浇注时移动、漂浮。装在上型的砂芯,要插栓吊紧。砂芯与砂芯之间的接缝较大时,必须填补平整,并用喷灯烘干。

(3) 仔细清除型内散砂,全面检查下芯质量,一些中、大型铸型,在分型面上沿型腔外围放上一圈泥条或石棉绳,以保证合型后分型面密合,避免液态金属从分型面间隙流出,随后即可正式合型。

（4）放上压铁或用螺栓、金属卡子紧固铸型，放好浇口杯、冒口圈，并在分型面四周的接缝处抹上砂泥以防止跑火，最后全面清理场地，以便安全、方便地浇注。

3.4 熔炼、浇注和清理

3.4.1 熔炼

熔炼是指金属由固态通过加热转变成熔融状态的过程。金属熔炼质量的好坏对能否获得优质的铸件有着重要的影响。如果金属液的化学成分不合格，会降低铸件的力学性能和物理性能。如果金属液的温度过低，会使铸件产生冷隔、气孔和夹渣等缺陷。

在铸造生产中，用得最多的是铸铁，铸铁通常用冲天炉或电炉来熔炼。机械零件的强度、韧性要求较高时，可采用铸钢进行铸造，铸钢的熔炼设备有平炉、转炉、电弧炉以及感应电炉，一般铸钢车间多采用三相电弧炉。在实际生产中，有很多铸件是采用非铁合金，如铜合金、铝合金等铸造的，铝合金在高温下容易氧化，并且吸气（氢气等）能力强，为了避免铝合金氧化和吸气，熔炼时要加入覆盖剂（KCl、NaCl、NaF 等），使铝合金在溶剂层的覆盖下进行熔炼。其熔炼特点是金属炉料不与燃料直接接触，可以减少金属的损耗，保持金属的纯净。在一般的铸造车间里，铝合金多采用坩埚炉来熔炼。

3.4.2 开设浇注系统

浇注时，金属液流入铸型所经过的通道称为浇注系统。浇注系统一般包括浇口杯、直浇道、横浇道和内浇道，如图 3-17 所示。浇口杯是漏斗形外浇口，它的作用是承接浇注时的液态合金，减缓金属液的冲击，使金属液平稳地流入直浇道，并具有挡渣和防止气体卷入浇道的作用。直浇道是浇注系统中的垂直通道，一般具有一定的锥度，它的作用是利用自身的高度产生一定的静压力，以改善充型能力。横浇道是浇注系统中梯形截面的水平通道，其作用是阻挡熔渣流入型腔并分配金属液进入各个内浇道。内浇道与型腔直接相连，截面多为扁梯形或矩形，其主要作用是引导液态合金平稳地进入型腔，控制铸件的冷却顺序。内浇道的形状、位置、数目的多少以及导入液体的方向会直接影响铸件的质量。

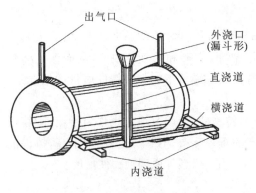

出气口
外浇口（漏斗形）
直浇道
横浇道
内浇道

图 3-17 浇注系统示意图

3.4.3 浇注

将熔融金属从浇包注入铸型的操作称为浇注。浇注也是铸造生产中的一个重要环节。浇注工艺是否合理，不仅会影响铸件的质量，而且会涉及工人的安全。因此，为了获得合格的铸件，浇注时必须控制浇注温度和浇注速度，严格遵守浇注操作规程。

1. 浇注温度

浇注温度的高低对铸件的质量影响很大。温度高时,液体金属的黏度下降,流动性提高,可以防止铸件产生冷隔、气孔、夹渣等铸造缺陷。但温度过高,将会增加金属的总收缩量、吸气量和氧化现象,使铸件容易产生缩孔、缩松、黏砂等缺陷。因此,在保证流动性足够的前提下,尽可能做到"高温出炉,低温浇注"。通常,灰口铸铁的浇注温度为 1 200～1 380 ℃,碳素钢的浇注温度为 1 500～1 550 ℃。形状简单的铸件取较低的浇注温度,形状复杂或薄壁铸件则取较高的浇注温度。

2. 浇注速度

较快的浇注速度,可使金属液更好地充满铸型,铸件各部分温差小,冷却均匀,不易产生氧化和吸气,但浇注速度过快,会使金属液强烈冲刷铸型,容易产生冲砂缺陷。浇注速度太慢,易产生夹砂、冷隔等缺陷。所以浇注速度要适中,应该根据铸件形状来决定。在实际生产中,薄壁铸件应采取快速浇注,厚壁铸件则应按慢—快—慢的原则浇注。

浇注速度的快慢可用浇注时间的长短来衡量。一般铸件根据工作经验确定浇注时间,重要的铸件需要通过计算来确定浇注时间。铸型应该加压铁或夹紧后才能浇注,防止浇注时抬箱跑火;浇注过程中不能断流,并始终保持浇口杯处于充满状态;从铸型中排出的气体要及时引燃,以防止中毒;浇注后,对收缩比较大的合金铸件要及时卸去压铁或夹紧装置,避免产生铸造应力和裂纹。

3. 浇注操作要点

浇注时要注意以下几点。

(1)浇注之前要除去浇包中金属液面上的熔渣。

(2)按照规定的浇注速度进行浇注。浇注时应避免金属液飞溅和断流,开始慢浇,且不能直冲直浇口,以免冲毁砂型,中间快浇(按照规定的浇注速度进行浇注),浇口杯中应始终保持一定数量的金属液,以防止渣、气进入铸型,快充满时应慢浇,以防止溢出。

(3)有冒口的铸型,浇注后期应按工艺规范进行点注和补注。浇注后应注意及时引燃从铸型中排出的气体。

(4)浇注后待铸件凝固完毕,要及时卸去压铁,以避免产生裂纹。

3.4.4 清理

浇注完毕,铸件凝固以后,还必须进行落砂、去除浇冒口、表面清理等工序,才能得到合格的铸件。

1. 落砂

铸件冷却到一定温度后,把铸件从砂箱中取出,去掉铸件表面及内腔中的型砂和芯砂的过程称为落砂。落砂时铸件的温度不得高于 500 ℃,落砂过早,会产生表面硬化或发生变形、开裂;落砂过晚,会增大收缩应力,铸件晶粒也会变得粗大,还会影响生产效率和砂箱的周转。因此,一定要根据合金种类、铸件的结构等合理掌握落砂时间。落砂通常分为人工落砂和机械落砂两种。

2. 去除浇冒口

铸件在清理前后,必须去除浇注系统和浇冒口。中、小型铸铁件可以用锤子打掉浇冒口;铸钢件一般采用氧气切割或电弧切割的方法来去除浇冒口;不能用氧气切割方法去除浇冒口的铸钢件和大部分铝合金、镁合金铸件,一般用车床、圆盘锯及带锯等进行机械切割以

去除浇冒口。

3. 表面清理

铸件的表面清理包括去除铸件表面的黏砂、毛刺、浇冒口痕迹等。

3.5 铸件质量的检验和缺陷分析

3.5.1 铸件质量的检验

铸件清理后应进行质量检验。铸件质量是指合格铸件本身能满足用户要求的程度,包括外观质量和内在质量两个方面。

1. 外观质量

铸件的外观质量是指铸件表面的状况和达到用户要求的程度,包括铸件的表面粗糙度、表面缺陷、尺寸公差、位置偏差等。

2. 内在质量

铸件的内在质量是指一般不能用肉眼检查出来的铸件内部的状况和达到用户要求的程度。内在质量的检验包括对铸件进行化学成分分析、物理和化学性能检验、金相组织检验,以及用磁力探伤、超声波探伤等方法对铸件内部进行检测,以发现其内部的孔洞、裂纹、夹杂物等缺陷。

3.5.2 常见缺陷分析

铸件的质量,关系到产品的质量及生产成本,也直接关系到经济效益和社会效益。铸件的结构、原材料、铸造工艺过程等都对铸件质量有影响。铸件中常见缺陷的特征及其预防措施如表 3-2 所示。

表 3-2　铸件中常见缺陷的特征及其预防措施

序号	缺陷名称	特征		预防措施
1	气孔	在铸件内部、表面或近表面处,有大小不等的光滑孔眼,形状有圆的、长的及不规则的,有单个的,也有聚集成片的,颜色为白色或带一层暗色,有时覆盖有一层氧化皮		改进铸件结构,提高砂型和型芯的透气性,使型内气体能顺利排出
2	缩孔	在铸件厚断面内部、厚断面和薄断面交界处的内部或表面,有形状不规则的孔眼,孔眼内粗糙不平,晶粒粗大		壁厚小且均匀的铸件要同时凝固,壁厚大且不均匀的铸件要按照由薄向厚的顺序凝固
3	偏芯	铸件的局部形状和尺寸由于砂芯位置偏移而发生变动		将砂芯固定好,防止下芯时砂芯变形,合型时避免碰歪砂芯,浇注时要平缓,避免冲歪砂芯

序号	缺陷名称	特 征		预防措施
4	渣气孔	在铸件内部或表面有形状不规则的孔眼,孔眼不光滑,里面全部或部分充塞着熔渣		降低熔渣的黏性,提高浇注系统的挡渣能力
5	砂眼	在铸件内部或表面有充塞着型砂的孔眼		严格控制型砂性能和造型操作,合型前注意打扫型腔
6	裂纹	在铸件上有穿透或不穿透的裂纹,开裂处金属表皮氧化	裂纹	严格控制金属液中 S、P 的含量,铸件壁厚尽量均匀,提高型砂和型芯的退让性,浇冒口不应阻碍铸件收缩,避免壁厚的突然改变
7	黏砂	在铸件表面上,全部或部分覆盖着一层金属(或金属氧化物)与砂粒的混合物,致使铸件表面粗糙		减小砂粒间隙,适当降低浇注温度,提高型砂、芯砂的耐火度
8	夹砂	在铸件表面上,有一层金属瘤状物或片状物,在金属瘤状物或片状物和铸件之间夹有一层型砂	金属片状物	严格控制型砂、芯砂性能,改善浇注系统,使金属液流动平稳,大平面铸件要倾斜浇注
9	冷隔	在铸件上有未完全融合的缝隙,其边缘是光滑的		提高浇注温度和浇注速度,改善浇注系统,浇注时不断流
10	浇不到	由于金属液未完全充满型腔而产生的铸件缺陷		提高浇注温度和浇注速度,浇注时不断流

第4章　锻　造

4.1　概述

锻造和板料冲压都属于塑性加工方法，也叫压力加工方法。塑性加工是指在一定外力的作用下，利用金属材料的塑性变形，使其具有一定的形状及一定的力学性能。

锻造是利用锻压设备，通过工具或模具使金属毛坯产生塑性变形，从而获得具有一定形状、尺寸和内部组织的工件的一种压力加工方法。按照金属变形的温度，锻造可以分为热锻、温锻和冷锻。根据工作时所受作用力的来源，锻造可以分为手工锻造（简称手锻）和机器锻造（简称机锻）。手工锻造是用手锻工具依靠人力在铁砧上进行的。机器锻造是现代锻造生产的主要方式，在各种锻造设备上进行。机器锻造包括自由锻、模锻和特种锻造，其中，自由锻和模锻的应用比较广泛，对于一些形状复杂、精度要求高的锻件则需要采用特种锻造。

锻造及板料冲压等塑性加工方法同切削加工、铸造、焊接等加工方法相比，具有以下优点。

（1）材料的利用率高。金属塑性成形主要是依靠金属材料在塑性状态下形状的变化来实现的，因此材料利用率高，可以节约大量金属材料。

（2）力学性能好。在塑性成形过程中，金属的内部组织得到改善，尤其是锻造更能使工件获得良好的力学性能和物理性能。一般对于承受较大载荷的重要机械零件，大多采用锻造方法进行加工。

4.2　自由锻和模锻

4.2.1　自由锻

自由锻是指只用简单的通用性工具，或者在锻造设备上、下铁砧间利用冲击力或压力使金属坯料变形获得所需的几何形状及内部质量的锻件，由于坯料在铁砧间变形时沿变形方向可自由流动，故称为自由锻。自由锻分为手工自由锻和机器自由锻。

自由锻的特点是：金属在垂直方向上压缩而在水平方向上可以自由延展；自由锻生产所用的工具简单，且具有较大的通用性，因此自由锻的应用范围较为广泛；自由锻锻件的质量小到 1 kg，大到 300 t（1 t＝1 000 kg）；在重型机械制造中，自由锻是生产大型和特大型锻件的重要方法。

自由锻所用设备根据它对坯料施加外力的性质的不同，分为锻锤和液压机两大类。锻锤是依靠产生的冲击力使金属坯料变形的，由于能力有限，故只能用来锻造中、小型锻件。液压机是依靠产生的压力使金属坯料变形的。其中，水压机可产生很大的压力，能锻造质量达 300 t 的锻件，是重型机械厂锻造生产的主要设备。

1. 自由锻锻件的分类

自由锻锻件大致可分为六类，如表 4-1 所示。

表 4-1 自由锻锻件的分类

类　别	图　例	锻　造　工　序
盘类锻件		镦粗(或拔长及镦粗),冲孔
轴类锻件		拔长(或镦粗及拔长),切肩,锻台阶
筒类锻件		镦粗(或拔长及镦粗),冲孔,在心轴上拔长
环类锻件		镦粗(或拔长及镦粗),冲孔,在心轴上扩孔
曲轴类锻件		拔长(或镦粗及拔长),错移,锻台阶,扭转
弯曲类锻件		拔长,弯曲

2. 自由锻的工序

自由锻的工序可分为基本工序、辅助工序和精整工序三大类。

基本工序是使金属坯料实现主要变形要求,达到或基本达到锻件所需形状和尺寸的工序。自由锻的基本工序有拔长、镦粗、扩孔、切割、弯曲、扭转和错移。

辅助工序是指进行基本工序之前的预变形工序,如压钳口、倒棱、压肩等。

精整工序是在完成基本工序之后,用以提高锻件尺寸及位置精度的工序。

自由锻的工序应依据锻件的结构和形状确定。尽管自由锻基本工序的选择和安排是多种多样的,但是必须在满足要求的前提下,选择合理的工序。

3. 自由锻锻件的结构工艺性

自由锻原则上要求锻造方便、节约金属、提高生产效率,故自由锻锻件的形状应尽量简单,具体要求有以下几个方面。

(1) 尽量避免锥面或斜面。

(2) 避免圆柱面与圆柱面相交、圆柱面与棱柱面相交。

（3）避免椭圆形、工字形及其他非规则截面或外形。

（4）避免加强筋、凸台等结构。

（5）横截面尺寸相差较大和形状复杂的零件,可采用分体锻造,再采用焊接或机械连接组合为整体。

自由锻锻件的结构工艺举例如表 4-2 所示。

表 4-2　自由锻锻件的结构工艺举例

要　　求	举　　例	
	不合理的结构	合理的结构
避免锥面或斜面	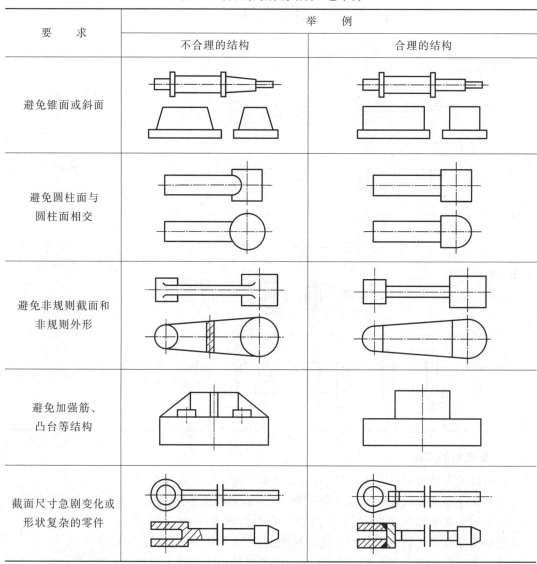	
避免圆柱面与圆柱面相交		
避免非规则截面和非规则外形		
避免加强筋、凸台等结构		
截面尺寸急剧变化或形状复杂的零件		

4. 手工自由锻

手工自由锻是一种古老的锻造方法,它是利用一些简单的工具靠手工操作对锻件进行加工。手工自由锻只能生产一些小型锻件。

1）手工自由锻工具

手工自由锻常用的工具如图 4-1 所示。

手工自由锻工具可以分为以下几类。

（1）支承工具:用于放置锻件坯料和固定成形工具,由铸钢或铸铁制成,有羊角砧、双角

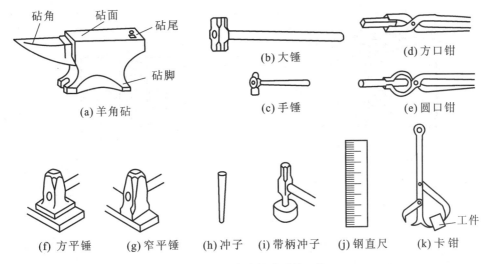

图 4-1　手工自由锻常用的工具

砧、球面砧等多种类型。

（2）夹持工具：各种夹钳（又称手钳），有尖嘴钳、圆口钳、方口钳、扁口钳等多种类型。

（3）锻打工具：各种手锤和大锤。

（4）成形工具：各种平锤、冲子等。

（5）切割工具：各种剁刀，用于切割坯料和锻件，或者在坯料上切割出缺口，为下一道工序做准备。

（6）测量工具：用于测量锻件或坯料的尺寸或形状，有钢直尺、卡钳、样板等。

2）手工自由锻的基本操作

手工自由锻的基本操作有镦粗、拔长、冲孔、切割、弯曲、错移和扭转等，其中，前三种操作应用得最多。

5．机器自由锻

机器自由锻所用的设备有空气锤、蒸汽-空气自由锻锤及液压机等。中、小型锻件多用空气锤锻造。空气锤和蒸汽-空气自由锻锤是利用落下部分的打击能量对坯料进行锻造的。大型锻件一般在液压机上利用静压力使坯料变形。

1）空气锤

空气锤由锤身、压缩缸、工作缸、传动机构、操纵机构、落下部分及砧座等组成，如图 4-2所示。电动机通过减速机构带动曲柄和连杆运动，使压缩缸中的压缩活塞上下运动产生压缩空气。当用手柄或脚踏杆操纵上旋阀和下旋阀使它们处于不同位置时，可使压缩空气进入工作缸的上部或下部，推动落下部分下降或上升，完成各种打击动作。

2）机器自由锻工具

机器自由锻常用的工具如图 4-3 所示。

机器自由锻工具可以分为以下几类。

（1）夹持工具：各种圆口钳、方口钳、抱钳、尖嘴钳、专用钳等。

（2）切割工具：各种剁刀、剁垫等。

（3）成形工具：各种压铁、压肩摔子、拔长摔子、冲子、漏盘等。

（4）测量工具：各种钢直尺、卡钳等。

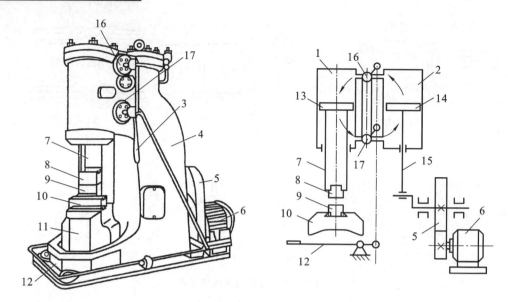

图 4-2 空气锤

1—工作缸；2—压缩缸；3—手柄；4—锤身；5—减速机构；6—电动机；7—锤杆；8—上铁砧；9—下铁砧；10—砧垫；

11—砧座；12—脚踏杆；13—工作活塞；14—压缩活塞；15—连杆；16—上旋阀；17—下旋阀

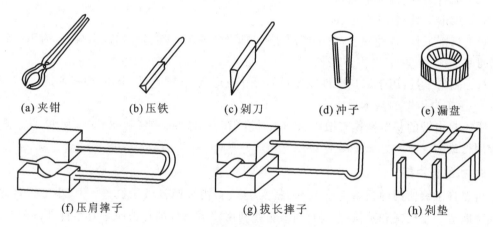

(a) 夹钳   (b) 压铁   (c) 剁刀   (d) 冲子   (e) 漏盘

(f) 压肩摔子   (g) 拔长摔子   (h) 剁垫

图 4-3 机器自由锻常用的工具

6. 自由锻的工艺规程

一般,工艺规程的基本内容包含工艺过程和操作方法。锻造工艺规程由锻件图、锻造工艺、热处理工艺和工艺守则等内容组成,它不但是锻造生产的基本文件之一,而且是组织生产、下达任务和生产前准备工作的基本依据之一。同时,锻造工艺规程也是生产时必须遵守的规则和锻件质量验收的标准。

1) 工艺规程的编制

编制工艺规程的步骤如下。

(1) 根据零件图设计绘制锻件图,并相应地提出锻件的技术条件与检验要求。

(2) 确定坯料的质量、规格、尺寸及原材料的相关要求。

(3) 选择设备,制定变形工艺。

(4) 确定锻造火次、锻造温度范围及加热、冷却规范。

(5) 编制填写工艺卡片,确定工时定额。

2）锻件图的绘制

自由锻的锻件图是以零件图为基础,考虑余块、加工余量、锻造公差、检验用试样及热处理夹头等工艺因素,并按国家制图标准绘制而成的。

锻件图中的名词术语示意如图4-4所示。

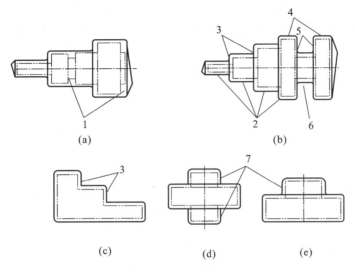

图4-4 锻件图中的名词术语示意

1—余块；2—加工余量；3—台阶；4—法兰；5—余面；6—凹挡；7—凸肩

3）钢坯质量与规格的确定

确定坯料的质量与规格时,其质量为锻件质量与锻造时金属材料的损耗量之和,其尺寸规格可以根据坯料质量(或体积),以及镦粗时的规则或拔长时的锻造比求得,然后根据选定的坯料规格来确定。

4）锻造工艺的确定

不同类型锻件的锻造工艺,应根据自由锻的特点,锻件的形状、尺寸和技术要求,并参考典型锻造工艺,同时结合设备条件、原材料情况、生产批量、工人的技术水平和经验来制定。确定工艺方案,主要是选择锻造工序及安排工序的顺序。

5）锻造设备与工具的确定

自由锻中选择锻造设备和锻造工具也是制定锻造工艺规程的必要工作,如果选择不当,不但会影响生产效率,而且会影响锻件质量,增加锻件加工成本,因此,对锻造工具及设备的选择是十分重要的。

（1）锻造设备的选择。

正常情况下,根据钢锭或坯料的质量和规格,以及工艺方案中的主要工序(拔长、镦粗)或根据锻件形状等因素来选择锻造设备。

（2）锻造工具的选择。

在自由锻生产中,对于一般单件和小批量的锻件,通常采用现有的工具;对于大批量及系列化的锻件,针对实际需要并结合经济性、合理性的原则,设计制作专用工具;对于特殊形状的锻件,则尽可能采用通用工具及辅助工具相结合的措施。

6）确定锻造火次及加热、冷却规范

（1）锻造火次的确定。

锻造火次应根据锻造工序中锻造的工作量、坯料冷却的速度、坯料出炉和更换工具所需要的时间、所用设备和工具,以及设备配合使用的情况等综合考虑。

(2) 加热规范的确定。

加热规范是根据锻件的材质(化学成分),坯料的种类、规格、质量、状态(热态或冷态、退火或未退火),以及火次和工艺要求等,按照工厂加热规范中的加热温度、始锻温度、终锻温度、加热规程或绘制的加热曲线来确定的。

(3) 冷却规范的确定。

锻后冷却方法与热处理规范是根据锻件的技术要求、材质、尺寸(形状)、质量和锻造情况来确定的。各类锻件的冷却和钢坯的冷却可根据有关图表来确定,以钢锭为坯料的锻件,往往将锻件的冷却和初次热处理相结合进行。

7) 确定锻件类别及填写工艺卡片

(1) 确定锻件类别。

为了便于编制生产计划和考核生产情况,需要制定锻件分类标准,锤上自由锻锻件按其复杂程度分为九级,水压机上自由锻锻件的分类尚无统一标准,一般分为五级。

(2) 填写工艺卡片。

工艺方案经计算后成为工艺规程,将内容填写在工艺卡片上,作为锻件生产的基本文件之一。工艺卡片一般包括锻件名称、图号、锻件图、坯料规格和质量、锻件质量及技术要求、锻造火次和工序、工具简图、锻压设备、加热和冷却规范、工时定额、热处理方法和验收方法等项目。由于各工厂的生产条件不同,工艺卡片的格式也各不相同。一般,锤上自由锻锻件的工艺卡片比较简单,而水压机上自由锻锻件的工艺卡片则比较复杂。根据锻件的重要程度,可编写续页来满足生产操作的需求。

7. 六角螺母自由锻示例

图 4-5 所示为六角螺母锻件图,图 4-6 所示为坯料图,毛坯材料为 45 钢。

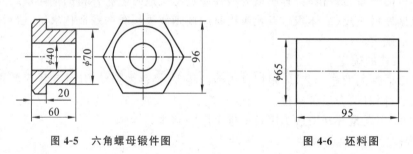

图 4-5　六角螺母锻件图　　　　　　图 4-6　坯料图

六角螺母自由锻的基本工序为镦粗、冲孔、锻六角等。六角螺母自由锻的工艺过程如表4-3 所示。

表 4-3　六角螺母自由锻的工艺过程

锻件名称	六角螺母	工艺类别	自由锻
材　　料	45 钢	设　　备	100 kg 空气锤
锻造火次	1	锻造温度范围	800～1 200 ℃
锻　件　图		坯　料　图	

序　号	工序名称	工序简图	使用工具	加工说明
1	局部镦粗	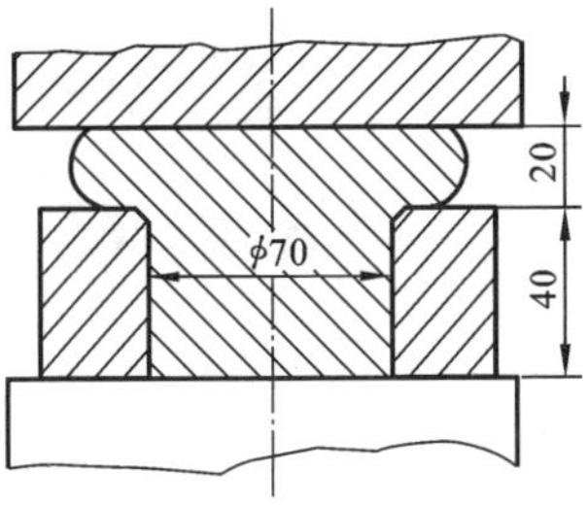 φ70　20　40	尖嘴钳、镦粗漏盘	（1）漏盘高度和内径尺寸要符合要求； （2）漏盘内孔要有 3°～5°斜度，上口应有圆角，局部镦粗高度为 20 mm
2	修整	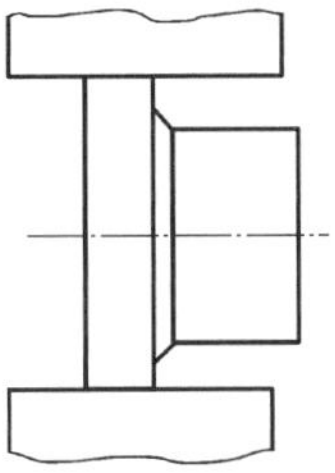	夹钳	将镦粗造成的鼓形修平
3	冲孔	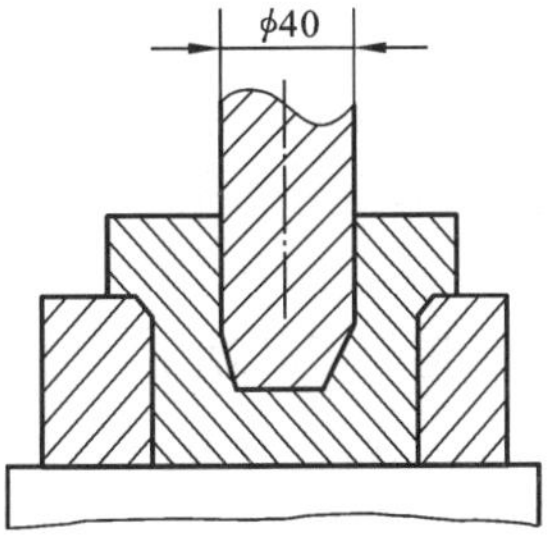 φ40	尖嘴钳、圆冲子、冲孔漏盘、抱钳	（1）冲孔时，套装上冲孔漏盘，以防止径向尺寸变大； （2）采用双面冲孔法冲孔； （3）冲孔时，孔位应对正，以防止冲斜
4	锻六角	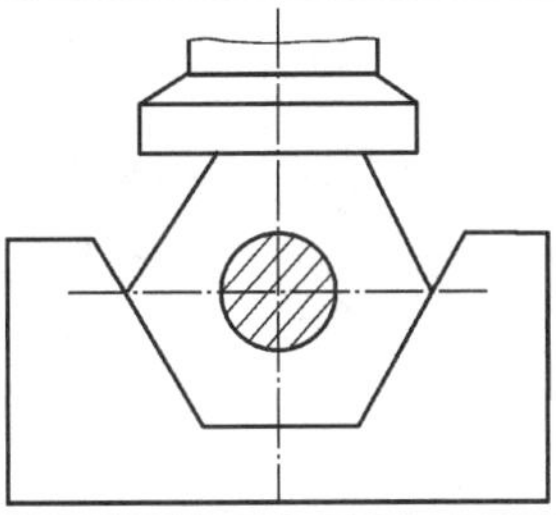	圆冲子、圆口钳、六角槽垫、方平锤、样板	（1）带冲子操作； （2）注意轻击，随时用样板检测

4.2.2　模锻

把加热的金属坯料放在固定于模锻设备上的具有一定形状和尺寸的锻模模腔内，施加冲击力或压力，使坯料在锻模模膛的型腔内产生塑性变形而充满模膛并获得锻件的过程称为模锻。模锻可以分为开式模锻和闭式模锻，也可以分为冷镦、辊锻、径向锻造和挤压等。模锻适合于生产形状复杂的锻件，并且可以大批量生产。

模锻按照使用设备的不同可分为锤上模锻、压力机上模锻等。

1. 锻模

锤上模锻所用的锻模结构如图 4-7 所示。锻模由上模和下模组成，上模用楔铁固定于锤头上，并与锤头一起做上下往复运动。下模也用楔铁固定于砧垫上，而砧垫则用楔铁固定于砧座上。当上、下模合在一起时，即形成了封闭、完整的模膛，坯料便在模膛内锻造成形。锻模的模膛可按功用的不同分为模锻模膛和制坯模膛两大类。

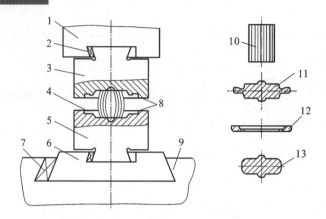

图 4-7 锤上模锻所用的锻模结构

1—锤头;2—楔铁;3—上模;4—模膛;5—下模;6—砧垫;7—楔铁;8—分模面;9—砧座;
10—坯料;11—带飞边的锻件;12—切下的飞边;13—模锻锻件

1) 模锻模膛

模锻模膛分为预锻模膛和终锻模膛。

预锻模膛是使坯料变形为接近锻件形状和尺寸的制件的模膛。坯料经预锻后再终锻,易于充满模膛,同时可以减少终锻模膛的磨损,延长锻模的使用寿命。简单件可不设置预锻模膛。

终锻模膛是使坯料最终成形的模膛,其形状和尺寸与锻件相同,只是比锻件要大一个收缩量。模膛四周有飞边槽,以便于金属充满模膛,同时还可以容纳多余的金属。

2) 制坯模膛

对于形状比较复杂的模锻锻件,为了使金属坯料的形状基本接近模锻锻件,并能够在模膛内合理分布,必须预先在制坯模膛内制坯。制坯模膛主要有拔长模膛、滚压模膛、弯曲模膛、切断模膛等多种类型。常见的制坯模膛如图 4-8 所示。

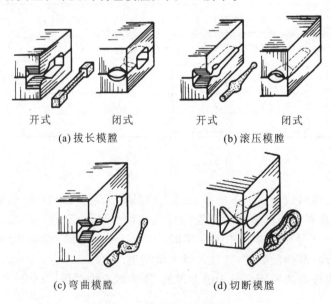

(a) 拔长模膛　　　　　　　　　(b) 滚压模膛

(c) 弯曲模膛　　　　　　　　　(d) 切断模膛

图 4-8 常见的制坯模膛

2. 模锻锻件的结构工艺性

模锻锻件的结构设计应遵循以下几个原则。

(1) 模锻锻件上必须具有一个合理的分模面,以保证模锻成形后,容易从锻模中取出锻件。

（2）应使敷料最少，锻模容易制造。

（3）模锻锻件的尺寸精度较高，表面粗糙度值较低，因此零件上只有与其他机件配合的表面才需要进行机械加工，其他表面均应设计为非加工表面。

（4）模锻锻件上与分模面垂直的非加工表面，应设计出模锻斜度。

（5）两个非加工表面形成的角（包括外角和内角）都应按模锻圆角设计。

（6）为了使金属容易充满模腔和减少工序，模锻锻件的外形应力求简单和对称，同时尽量避免截面间差别过大，以及薄壁、凸台等结构。

（7）模锻锻件应避免深孔或多孔结构。

图 4-9（a）所示锻件的小截面直径与大截面直径之比为 1∶2，这就不符合模锻生产的要求。图 4-9（b）所示的锻件扁而薄，模锻时，较薄部分的金属冷却快，变形抗力剧增，易损坏锻模。图 4-9（c）所示的锻件有一个高而薄的凸缘，金属难以充满模腔，并且会使取出锻件比较困难，应设计为图 4-9（d）所示的结构，使其易于锻造成形。

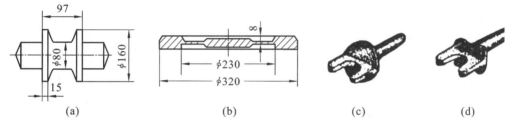

图 4-9　模锻锻件的结构

3．模锻工艺过程示例

锤上模锻的工艺过程一般为下料、加热坯料、模锻成形、切除飞边、锻件矫正、锻件热处理、表面清理、质量检验、入库存放。锤上模锻工艺规程的制定包括绘制锻件图、计算坯料质量和尺寸、确定模锻工步（选择模腔）、选择设备及安排基本工序等。其中，最主要的是锻件图的绘制和模锻工步的确定。图 4-10 所示为弯曲连杆的模锻工艺过程。

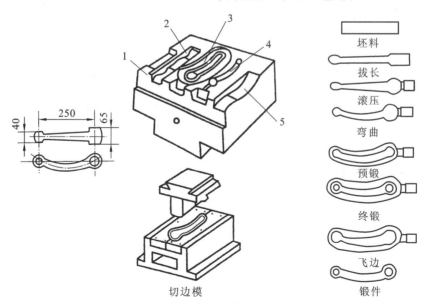

图 4-10　弯曲连杆的模锻工艺过程

1—拔长模腔；2—滚压模腔；3—终锻模腔；4—预锻模腔；5—弯曲模腔

4.3 锻造坯料的加热及锻件的冷却

除了少数具有良好塑性的金属外,大多数金属都必须在加热以后才能进行塑性成形。加热的目的是提高金属坯料的塑性和降低其变形抗力。坯料加热后硬度降低,塑性提高,并且内部组织均匀,可以用较小的外力使坯料产生较大的塑性变形而不破裂。

4.3.1 坯料锻前的加热方法

锻造坯料的锻前加热是锻件生产过程中的重要工序之一。锻前加热的目的是提高金属坯料的塑性,并降低其变形抗力,使其易于流动成形并获得良好的锻后组织。

根据金属坯料加热时所用热源的不同,可将坯料锻前的加热方法分为火焰加热和电加热两大类。

1. 火焰加热

火焰加热是指利用燃料(煤、油、煤气等)燃烧时所产生的热量,通过对流、辐射把热能传到坯料表面,然后由表面传到中心,从而使整个坯料加热。火焰加热的优点是:燃料来源广泛,加热炉修造容易,加热费用较低,加热的适应性强等。因此,这类加热方法广泛用于大、中、小型坯料的加热。火焰加热的缺点是:劳动条件差,加热速度慢,加热质量差等。

2. 电加热

电加热是指将电能转化为热能来加热坯料。按能量转化方式的不同,可以将电加热分为电阻加热和感应电加热。各种电加热方法及其应用范围如表 4-4 所示。

表 4-4 各种电加热方法及其应用范围

电加热类型	应 用 范 围		
	坯料规格	加热批量	适用工艺
工频电加热	坯料直径大于 150 mm	大批量	模锻、挤压、轧锻
中频电加热	坯料直径为 20~150 mm	大批量	模锻、挤压、轧锻
高频电加热	坯料直径小于 20 mm	大批量	模锻、挤压、轧锻
接触电加热	直径小于 80 mm 的细长坯料	中批量	模锻、卷簧、轧锻
电阻炉加热	各种中、小型坯料	单件、小批量	自由锻、模锻
盐浴炉加热	小件或局部无氧化加热	单件、小批量	精密模锻

锻前加热方法要根据具体的锻造要求、能源情况、投资效益、环境保护等多种因素来确定。对于大型锻件往往以火焰加热为主;对于中、小型锻件可以选择火焰加热和电加热;对于精密锻件应选择感应电加热或其他无氧化加热方法,如控制炉内气氛法、介质保护加热法。

4.3.2 锻造温度范围的确定

金属材料的锻造温度范围是指始锻温度和终锻温度之间的一个温度区间。通过长时间的生产实践和大量的研究,现有金属材料的锻造温度范围均已确定,可从有关手册查到。但是随着金属材料科学技术的不断发展,今后必定会有更多的新的金属材料需要锻造。因此,仅会选用锻造温度范围是不够的,还必须掌握确定锻造温度范围的科学方法。

确定锻造温度范围的基本原则是:要求在锻造温度范围内金属要具有良好的塑性和较低的变形抗力;能锻出优质锻件;锻造温度范围尽可能宽一些,以便减少加热次数,提高锻造生产效率。

确定锻造温度范围的基本方法是:以合金平衡相图为基础,参考塑性图、变形抗力图和再结晶图,从塑性、质量和变形抗力三个方面进行综合分析,从而确定始锻温度和终锻温度。

碳钢的锻造温度范围,根据铁碳平衡相图可以直接确定。对于多数合金结构钢的锻造温度范围,可以参照碳的质量分数相同的碳钢来确定。但对于塑性较低的高合金钢,以及不发生变形的钢种(如奥氏体钢、铁素体钢),则必须通过试验才能确定合理的锻造温度范围。

1. 始锻温度的确定

确定钢的始锻温度,首先必须保证钢无过烧现象。因此,对于碳钢来讲,始锻温度应在铁碳平衡相图的固相线以下 150～250 ℃,如图 4-11 所示。此外,还应考虑坯料组织、锻造方式和变形工艺等因素。

例如,以钢锭为坯料时,由于铸态组织比较稳定,产生过烧的倾向性小,因此钢锭的始锻温度比同钢种钢坯和钢材要高 20～50 ℃。采用高速锤精锻时,因为高速变形产生很大的热效应,会使坯料温度升高从而引起过烧,所以,其始锻温度应比通常的始锻温度低 100 ℃左右。

2. 终锻温度的确定

在确定终锻温度时,如果温度过高,会使锻件晶粒粗大,甚至产生维氏组织。相反,终锻温度过低,不仅会导致锻造后期加工硬化现象严重,引起断裂,而且会使锻件局部处于临界变形状态,产生粗大晶粒。因此,通常钢的终锻温度应稍高于其再结晶温度。这样可以保证坯料在锻后能够获得较好的组织性能。按照上述原则,碳钢的终锻温度应在铁碳平衡相图的 A_1 线以上 25～75 ℃,如图 4-11 所示。

必须指出,钢的终锻温度与钢的组织、锻造工序和后续工序等也有关系。对于无相变的钢

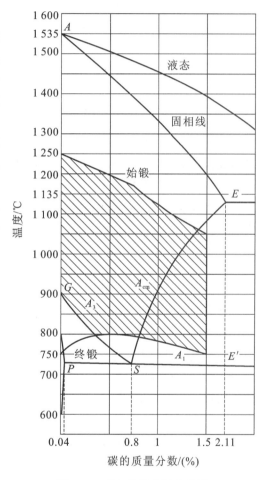

图 4-11 碳钢的锻造温度范围

种,由于不能用热处理方法细化晶粒,只能通过锻造来控制晶粒度。为了使锻件获得细小的晶粒,这类钢的终锻温度应满足余热热处理的要求。一般精整工序的终锻温度,允许比规定值低 50～80 ℃。

各类钢的锻造温度范围如表 4-5 所示。从表 4-5 中可以看出,各类钢的锻造温度范围相差较大。一般,碳素钢的锻造温度范围比较宽,达到 400～580 ℃,而合金钢,尤其是高合金钢的锻造温度范围则很窄,只有 200～300 ℃。因此,在锻造生产中,高合金钢的锻造最困难,对锻造工艺的要求最严格。

表 4-5　各类钢的锻造温度范围

钢　种	始锻温度/℃	终锻温度/℃	锻造温度范围/℃
普通碳素钢	1 280	700	580
优质碳素钢	1 200	800	400
碳素工具钢	1 100	770	330
合金结构钢	1 150～1 200	800～850	350
合金工具钢	1 050～1 150	800～850	250～300
高速工具钢	1 100～1 150	900	200～250
耐热钢	1 100～1 150	850	250～300
弹簧钢	1 100～1 150	800～850	300
轴承钢	1 080	800	280

4.3.3　锻后冷却与热处理

锻后冷却的重要性不亚于锻前加热和锻造变形过程。有时钢料采用正常的锻前加热方法和适当的锻造方法,虽然可以保证获得高质量的锻件,但是,如果锻后冷却方法选择不当,锻件还是有可能会产生裂纹甚至报废,这在实际生产中时有发生,因此应当高度重视锻后冷却。

锻后冷却是指锻造结束后从终锻温度冷却到室温的过程。对于一般钢料的小型锻件,锻后可直接放在地上空冷,但对于合金钢锻件或大型锻件,则应根据合金元素含量和断面尺寸大小来确定合适的冷却规范,否则容易产生各种缺陷。常见的缺陷有裂纹、白点、网状碳化物等。

锻件在锻后的冷却方法有三种:在空气中冷却,速度较快;在坑(箱)内冷却,速度较慢;在炉内冷却,速度最慢。

1. 空冷

空冷是指锻件锻后单个或成堆直接放在车间的地面上冷却。需要注意的是,采用空冷时,锻件不能放在潮湿的地面上或金属板上,也不能放在通风良好的地方,以免锻件冷却不均匀或局部急冷造成裂纹。

2. 坑冷

坑冷是指锻件锻后放到地坑中封闭冷却,或者埋入坑内的砂子、石灰、炉渣内冷却。一般,锻件入砂时的温度不应低于 500 ℃。锻件在坑内的冷却速度可以通过不同的绝热材料及保温介质来调节。

3. 炉冷

炉冷是指锻件锻后直接装入炉中按一定的冷却规范缓慢冷却。由于炉冷可通过控制炉温准确实现规定的冷却速度,因此适合于高合金钢、特殊钢锻件及各种大型锻件的锻后冷却。一般,锻件入炉时的温度不能低于 600 ℃,装料时的炉温应与入炉锻件的温度相当。

制定锻件锻后的冷却规范,关键是选择合适的冷却速度,以免产生各种缺陷。通常情况下,锻后冷却规范是根据坯料的化学成分、组织特点、原料状态和断面尺寸等因素,参照有关资料确定的。

一般来讲,坯料的化学成分越简单,锻后冷却速度越快;反之则慢。因此,对于成分简单的碳钢与低合金钢锻件,锻后均采取空冷,而对于成分复杂的中、高合金钢锻件,锻后应采取坑冷或炉冷。

对于含碳量较高的钢种(如碳素工具钢、合金工具钢及轴承钢等),如果锻后采取缓慢冷却,在晶界上会析出网状碳化物,这将严重影响锻件的使用性能。因此,对于这类锻件,锻后应先空冷、鼓风或喷雾快速冷却到700 ℃,再采取坑冷或炉冷。

对于没有相变的钢种(如奥氏体钢、铁素体钢等),由于锻后冷却过程无相变,所以可以采取快速冷却。这类锻件锻后通常采取空冷。

对于空冷淬火的钢种(如高速钢、马氏体不锈钢等),由于空冷会发生马氏体相变,由此会引起较大的组织应力,而且容易产生冷却裂纹,所以这类锻件锻后必须缓慢冷却。

对于白点敏感的钢种,为了防止冷却过程中产生白点,应按一定的冷却规范进行炉冷。

采用钢材锻造的锻件,锻后的冷却速度可以快一些,而用钢锭锻造的锻件,锻后的冷却速度要慢一些。此外,对于断面尺寸较大的锻件,锻后应缓慢冷却,而对于断面尺寸较小的锻件,锻后则可以快速冷却。

在锻造过程中,有时需要将中间坯料或锻件局部冷却到室温,称为中间冷却。例如,为了进行毛坯探伤或清理缺陷,需要进行中间冷却。中间冷却规范的确定和锻后冷却规范相同。

 ## 4.4 锻件质量的检验与缺陷分析

4.4.1 锻件质量的检验

质量检验是锻造生产过程中不可缺少的一个环节,其目的是保证锻件的通用和专用技术要求,满足产品的设计和使用要求。通过检测能及时发现生产中的质量问题,常用的检测方法有外观检测、力学性能试验、金相组织分析和无损探伤等。检测时,应按照锻件技术条件的规定或有关检测技术文件的要求进行。

外观检测包括锻件表面、形状和尺寸的检测。

1. 表面的检测

表面的检测主要是检测锻件的表面是否存在毛刺、裂纹、折叠、过烧、碰伤等缺陷。

2. 形状和尺寸的检测

形状和尺寸的检测主要是检测锻件的形状和尺寸是否符合锻件图上的要求。一般,自由锻锻件,大多使用钢直尺和卡钳来检测;成批的锻件,使用卡规、塞尺等专用量具来检测;对于形状复杂的锻件,一般量具无法检测。

对于重要的大型锻件,还必须进行力学性能试验、金相组织分析和无损探伤等。

4.4.2 锻件的缺陷分析

1. 自由锻锻件的缺陷分析

在自由锻的全部工艺过程中,锻件产生缺陷与以下几个方面的因素有关:原材料产生了缺陷却未清除;锻件加热不当;锻造操作不当或工具不合适;锻后冷却和锻后热处理操作不当等。在生产过程中,应掌握不同情况下锻件产生的缺陷的特征,以便发现锻件缺陷时能进行综合分析,找出锻件产生缺陷的原因,并采取相应的措施。

常见自由锻锻件的缺陷分析如表 4-6 所示。

表 4-6　常见自由锻锻件的缺陷分析

缺 陷 名 称	产 生 原 因
过烧	加热温度过高,保温时间过长; 变形不均匀,局部变形量过小; 始锻温度过高
裂纹	坯料心部没有加热透或温度较低; 坯料本身有皮下气孔等冶炼质量缺陷; 坯料加热速度过快,锻后冷却速度过快; 锻造变形量过大
折叠	铁砧圆角半径过小
歪斜	加热不均匀,变形量不均匀; 锻造操作不当
弯曲变形	锻造后修整、矫正不够; 冷却、热处理操作不当
力学性能偏低	坯料冶炼成分不符合要求; 热处理操作不当; 原材料冶炼时,杂质过多,偏析严重; 锻造比过小

2. 模锻锻件的缺陷分析

常见模锻锻件的缺陷分析如表 4-7 所示。

表 4-7　常见模锻锻件的缺陷分析

缺 陷 名 称	产 生 原 因
凹坑	加热时间过长或黏附炉底熔渣; 坯料在模膛内成形时,氧化皮未清除干净
厚度超标	毛坯质量超标; 加热温度偏低; 锤击力不足; 制坯模膛设计不当或飞边槽阻力过大
形状不完整	下料时,坯料尺寸偏小,质量不足; 加热时间过长,金属烧损量过大; 加热温度过低,金属流动性差,模膛内的润滑剂未吹掉; 设备吨位不足,锤击力过小; 制坯模膛设计不当或飞边槽阻力过小; 终锻模膛磨损严重

缺 陷 名 称	产 生 原 因
尺寸不足	终锻温度过高或设计终锻模膛时考虑收缩率不足; 终锻模膛变形; 切边模安装欠妥,锻件局部被切
错模	锻锤导轨间隙过大; 上、下模调整不当或锻模检验角有误差; 锻模紧固部分有磨损或锤击时错位; 模膛中心与锤击中心的相对位置未重合
压伤	坯料放置不正; 设备有故障,单击时发出连击
碰伤	锻件由模膛内取出时,不慎被碰伤; 锻件在搬运时,不慎被碰伤
翘曲	锻件由模膛内取出时,产生变形; 锻件在切边时,产生变形
残余飞边	切边模与终锻模膛尺寸不相符; 切边模磨损或锻件放置不正
轴向裂纹	钢锭皮下气泡被轧长
端部裂纹	坯料在冷剪切下料时,剪切不当
夹渣	耐火材料等杂质混入钢液,并浇注到钢锭中
夹层	坯料在模膛内放置不当; 操作不当; 锻模设计有问题; 变形程度过大,产生毛刺,不慎将毛刺压入锻件内

第 5 章　焊　接

5.1　概述

焊接是通过加热或加压,或两者兼用,使焊件达到原子之间的结合而形成永久性连接的工艺过程。世界上每年钢材消耗量的 50% 都有焊接工序的参与,在现代制造工业中,焊接广泛应用于金属结构件的生产,例如桥梁、船体、车厢、容器等,都可采用焊接工艺制成。

焊接种类繁多,根据操作时加热、加压方式的不同可以分为三类:熔化焊、压焊和钎焊。

熔化焊是在焊接过程中将焊件接头加热至熔化状态,不施加压力完成焊接的方法。熔化焊包括电弧焊、气焊等。手工电弧焊适用于大多数工业用金属、合金的焊接。电弧焊普及之前,气焊在许多工业部门的焊接工作中应用很广泛,气焊对于铜、铝等有色金属的焊接具有独特优势。在建筑、安装维修及野外施工等没有电源的场所,无法进行电焊时主要使用气焊。目前,电弧焊和气焊在各类生产中的应用非常广泛。

压焊是在焊接过程中,对焊件施加压力(可加热也可不加热)完成连接的焊接方法。压焊包括电阻焊、冷压焊、扩散焊、超声波焊、摩擦焊和爆炸焊等。其中,电阻焊的应用最广泛。

5.2　焊接基础知识

5.2.1　焊接的定义及特点

1. 焊接的定义

两种或两种以上材料通过加热或加压,或两者兼用,达到原子之间的结合而形成永久性连接的工艺过程称为焊接。

2. 焊接的特点

焊接具有以下几个方面的优点。

(1) 焊接是一种原子之间的连接,接头牢固,密封性、连接性能好。

(2) 采用焊接方法,可将大型、复杂的结构件分解为小零件或部件分别加工,然后通过焊接连接成整体,做到"化大为小,以小拼大"。

(3) 焊接的适应性强,应用范围广,能满足特殊性能要求,可实现异种金属和密封件的连接。

(4) 生产成本低。与铆接相比,焊接具有省工、省料(可节省材料 10%～20%)、生产效率高、焊接致密、容易实现机械化和自动化等特点,并可减少钻孔、装配等工序。

焊接具有以下几个方面的缺点。

(1) 由于焊件连接处局部受高温,在热影响区形成的材料质量较差,冷却又很快,再加上热影响区材料的不均匀收缩,易使焊件产生焊接残余应力及残余变形,因此会不同程度地影响产品的质量和安全性。

(2) 接头处易产生裂纹、夹渣、气孔等缺陷,影响焊件的承载能力。

3. 焊接的冶金特点

焊接具有以下几个方面的冶金特点。

（1）熔池中冶金反应不充分，化学成分有较大的不均匀性，常产生偏析等缺陷。

（2）在高温电弧的作用下，氧、氢、氮等气体分子吸收电弧热量而分解成化学性质十分活泼的原子或离子，它们很容易溶解在液态金属中，造成气孔、氧化、脆化等缺陷。

（3）熔化焊的本质是小熔池熔炼与铸造，是金属熔化与结晶的过程。熔池存在时间短，温度高，冶金过程进行不充分，氧化严重，热影响区大，冷却速度快，结晶后易生成粗大的柱状晶。

5.2.2 焊接的种类

焊接种类繁多，根据操作时加热、加压方式的不同可以分为熔化焊、压焊和钎焊三大类。焊接的分类如图 5-1 所示。

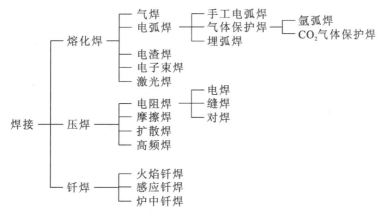

图 5-1 焊接的分类

1. 熔化焊

熔化焊是指将待焊处的母材金属熔化以形成焊缝的焊接方法。为了实现熔化焊，必须有一个热量集中、温度足够高的热源。按照热源形式的不同，熔化焊可分为气焊（以氧-乙炔火焰或其他可燃气体燃烧产生的火焰为焊接热源）、电弧焊（以气体导电产生的电弧热为焊接热源）、电渣焊（以焊接熔渣导电时产生的电阻热为焊接热源）、电子束焊（以高速运动的电子束流为热源）、激光焊（以单色光子束流为热源）等。

2. 压焊

压焊是在焊接过程中对焊件施加压力（可加热也可不加热）完成连接的焊接方法。压力的性质可以是静压力、冲击力或爆炸力等。大多数情况下，母材不熔化，因此压焊属于固相焊接。一般情况下，为了使固相焊接容易实现，在加压的同时会采取加热措施，但加热温度应低于母材的熔点。

3. 钎焊

采用比母材熔点低的金属材料作钎料，将焊件和钎料加热到高于钎料熔点而低于母材熔点的温度，利用液态钎料润湿母材，填充接头间隙并与焊件实现原子间的相互扩散，从而实现焊接的方法称为钎焊。

5.3 手工电弧焊

手工电弧焊是用手工操纵焊条进行焊接的电弧焊方法,也叫焊条电弧焊。

5.3.1 手工电弧焊的焊接过程

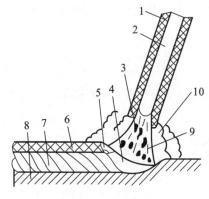

图 5-2 手工电弧焊

1—药皮;2—焊芯;3—熔滴;4—熔池;
5—熔渣;6—渣壳;7—焊缝;8—母材;
9—电弧;10—保护气体

在进行手工电弧焊时,焊条末端和工件之间燃烧的电弧产生高温使焊条药皮、焊芯熔化,熔化的焊芯端部形成细小的金属熔滴,金属熔滴通过弧柱过渡到局部熔化的工件表面,形成熔池。随着焊条以适当的速度在工件上连续向前移动,熔池中的液态金属逐步冷却结晶,形成焊缝,如图 5-2 所示。药皮熔化过程中产生气体和熔渣,使熔池、电弧和周围的空气隔绝,熔化的药皮、焊芯、工件发生一系列的冶金反应,保证所形成的焊缝的性能。熔渣凝固后形成的渣壳要清除掉。

5.3.2 手工电弧焊的设备及用具

手工电弧焊的基本电路(见图 5-3)由交流或直流弧焊电源、焊钳、焊接电缆、焊条、电弧(施焊时)、工件及地线等组成。这里分别对手工电弧焊的电源(交流弧焊机、直流弧焊机)、焊条,以及常用工具和辅助工具进行介绍。

1. 电源

手工电弧焊需要专用的弧焊电源,即弧焊变压器,或称手工弧焊机,简称弧焊机。根据提供的焊接电流的不同,弧焊机分为交流弧焊机和直流弧焊机。

交流弧焊机结构简单,噪声小,成本低,输出电压随输出电流(负载)的变化而变化,是特殊变压器,而普通变压器的输出电压是恒定的。使用交流弧焊机焊接时,空载电压为 60～80 V,能顺利起弧,并能有效保证人身安全。起弧时正、负极短路的瞬间,电压会自动下降且趋近于零,使短路电流不致过大而烧毁电路或者变压器。起弧后,电压自动下降到电弧正常工作所需要的电压,即 20～30 V。交流弧焊机的电弧稳定性较差。

图 5-4 所示为一种常用的型号为 BX1-300 的交流弧焊机,"B"表示弧焊变压器,"X"表示下降外特性,"1"为系列品种的序号,"300"表示额定焊接电流为 300 A。它可以将工业用 220 V 或 380 V 电压降到 70 V(焊接的空载电压),满足引弧的需要,而焊接时随着焊接电流的增加,电压会自动下降到电弧正常工作所需要的电压,即 20～30 V。该交流弧焊机具有突出的优点:既可以实现酸性焊条对低碳钢焊件的焊接,也可以实现交、直流电源两用碱性焊条对低合金钢焊件的焊接;具有较高的空载电压,使起弧容易。

采用手工电弧焊时,分别接正极和负极的焊条与焊件相互接触引燃电弧。弧焊机的输出端有正、负极之分,其接电缆处有标记:"+"是正极(或阳极),"-"是负极(或阴极)。使用交流弧焊电源施焊时,正、负两极是交替变换的,焊件(或焊条)既可接正极,也可接负极,两极区的温度几乎是相同的。使用直流弧焊电源施焊时,弧焊机正、负两极与焊条、焊件有两种不同的接法:焊件接电源正极叫正接法(也叫正极法),焊件接电源负极叫反接法(也叫负极法），负极区和正极区的温度不一样。一般情况下，根据焊件的厚度、材质和焊条的性能选择正接法或反接法。用直流弧焊电源焊接厚板时，考虑到电弧正极的温度和热量比负极高，一般采用正接法，这样可以获得较大的熔深；焊接薄板时采用反接法可以防止烧穿。碱性焊条采用反接法，这样电弧燃烧稳定，飞溅小；酸性焊条采用正接法。焊接铸铁、有色金属一般采用反接法。

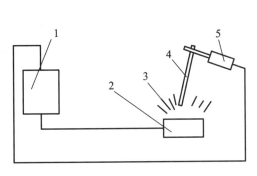

图5-3　手工电弧焊的基本电路

1—弧焊电源；2—工件；3—电弧；4—焊条；5—焊钳

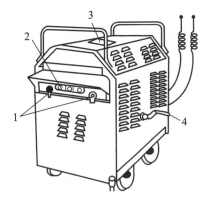

图5-4　型号为BX1-300的交流弧焊机

1—弧焊电源两极（接工件和焊条）；

2—线圈抽头（粗调电流）；

3—电流指示器；4—调节手柄（细调电流）

2. 焊条

涂有药皮供电弧焊用的熔化电极称为电焊条，简称焊条。焊条结构示意图如图5-5所示。焊条由焊芯和药皮（涂层）组成。有的焊条的引弧端涂有引弧剂，使起弧更容易。

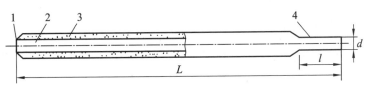

图5-5　焊条结构示意图

1—引弧端；2—焊芯；3—药皮；4—夹持端；

L—焊条长度；l—夹持端长度；d—焊条直径

焊芯为金属芯，在焊接时它既是电极，又熔化成焊缝的填充金属。焊芯金属占整个焊缝金属的$50\%\sim70\%$，焊芯一般是高级优质钢丝。焊条直径一般指焊芯直径，通常为$2.5\sim4.5$ mm，焊条长度一般为$350\sim450$ mm。焊条药皮是由矿石粉末、铁合金粉末、有机物和化工制品等原料按一定比例配制后压涂在焊芯表面的一层涂料。药皮具有重要的作用。

（1）机械保护作用。药皮熔化或分解后产生气体和熔渣，可以隔绝空气，防止熔滴和熔池中的金属与空气接触，同时，熔渣凝固后形式的渣壳覆盖在焊缝表面，可以防止焊缝金属氧化和氮化，并减慢焊缝金属的冷却速度。

（2）药皮可以去除有害元素，并添加有用元素，使焊缝具有良好的力学性能，改善焊缝金属的性能。

（3）改善焊接的工艺性能。药皮能使电弧容易引燃并稳定地连续燃烧，同时可以减少飞溅。

焊条种类繁多，分类方法也有很多，最常用的是按照熔渣性质分为酸性焊条和碱性焊条

(其熔渣分别是酸性氧化物和碱性氧化物)两类。酸性焊条交、直流电源都可以用,焊接工艺性好,但焊缝的力学性能尤其是冲击韧性较差,适合于一般低碳钢和相应强度的低合金钢焊件的焊接。碱性焊条适合于直流反接施焊,但若在药皮中加入稳弧剂后,也适合于交、直流电源两用,碱性焊条的焊缝具有良好的抗裂性和力学性能,因此当产品设计或焊接工艺规程规定用碱性焊条时,不能用酸性焊条代替。按照药皮成分,焊条可以分为钛钙型焊条、氧化铁型焊条等。按照焊条用途,焊条可以分为结构钢焊条、不锈钢焊条、低温钢焊条等。

在靠近焊条夹持端的药皮上印有焊条牌号,牌号是焊接材料专业、统一的代号,根据焊条的主要用途及性能特点来命名。焊条的牌号由一个字母或汉字与三位数字组成:字母或汉字表示焊条大的类别(通常按照焊条用途分类),其后的三位数字中,前两位数字对于不同的类别,其表达的内容不相同,第三位数字表示各牌号焊条的药皮类型及焊接电源种类。以结构钢焊条为例,牌号的最前面是"J",接下来的两位数字表示焊缝金属的最低抗拉强度,第三位数字表示药皮类型和焊接电源种类。

3. 常用工具和辅助工具

手工电弧焊除了电源和焊条之外,还需要一些工具,如焊钳、焊接电缆、面罩、防护服、敲渣锤、钢丝刷和焊条保温筒等。

焊钳一方面使操作者能夹住和控制焊条,另一方面起着从焊接电缆向焊条传导焊接电流的作用。因此,焊钳应具有不易发热、重量轻、夹持焊条牢固及装换焊条方便等特性,并且要具有良好的导电性。面罩可以防止焊接时的飞溅物、强烈弧光及其他辐射灼伤操作者的面部及颈部。焊条保温筒对焊条起防黏泥土、防潮、防雨淋的作用。防护服包括皮革手套、工作服、脚盖、绝缘鞋等,可以防止操作时触电,同时可以防止被弧光或金属飞溅物灼伤。其他辅助工具用来清除工件和焊缝金属表面的油垢、熔渣和其他杂质。

5.3.3 焊接规范的选择

手工电弧焊的焊接规范,主要有焊条直径、焊接电流、焊接速度和电弧长度。

1. 焊条直径

为了提高生产效率,通常选用直径较大的焊条,但一般不大于 6 mm。焊条直径与焊件厚度的关系可参考表 5-1。大厚度工件焊接时,一般接头处都要开坡口,进行打底焊时,可采用直径为 2.5~4 mm 的焊条,之后可采用直径为 5~6 mm 的焊条。立焊时,焊条直径一般不超过 5 mm;仰焊时焊条直径不应超过 4 mm。

表 5-1 焊条直径与焊件厚度的关系

焊件厚度/mm	<4	4~8	9~12	>12
焊条直径/mm	≤焊件厚度	3.2~4	4~5	5~6

2. 焊接电流

焊接电流的大小主要根据焊条直径来确定。焊接电流太小,焊接生产效率较低,电弧不稳定,还可能焊不透工件。焊接电流太大,则会引起熔化金属的严重飞溅,甚至会烧穿工件。

焊接一般钢材的工件,当焊条直径为 3~6 mm 时,可根据下列经验公式求得焊接电流的参考值:

$$I=(30\sim55)d \tag{5-1}$$

式中:I——焊接电流,A;

d——焊条直径,mm。

此外,焊接电流大小的选择,还与接头形式和焊缝所在空间的位置等因素有关。立焊、横焊时的焊接电流应比平焊减少 10%～15%,仰焊则减少 15%～20%。

至于焊接速度和电弧长度,通常由焊工根据焊条牌号和焊缝所在空间的位置,在施焊过程中适度调节。

5.3.4 操作要领

进行手工电弧焊操作时,首先要把焊条引燃,然后用焊钳夹持焊条以适当的角度、适当的速度在工件上移动,最后使焊条熄灭。要想焊好工件,需要掌握四个关键点:引弧方法、运条方法、接头方法和收弧方法。

1. 引弧方法

引燃焊接电弧(引燃焊条)的过程叫引弧。焊接开始时,首先引弧,引弧方法有敲击法和划擦法两种,一般,敲击法更为常用。敲击法的具体操作为:将电路连接好后,用焊钳夹持焊条,焊条垂直于焊件,接触形成短路后迅速提起 2～4 mm 引燃电弧。

运用敲击法时需要注意以下几点。

(1)焊条敲击后要迅速提起,否则容易黏住焊件。如果焊条黏住焊件,可以将焊条左右摇动后拉开,如果拉不开则松开焊钳,切断电路,待焊条冷却后再进行处理。

(2)焊条不能提得过高,否则电弧会熄灭。

2. 运条方法

焊接过程中,焊条相对于焊缝所做的各种动作称为运条。引弧后要掌握好焊条与焊件间的角度(见图 5-6),同时完成三个基本动作(见图 5-7):①使焊条向下做送进运动,送进速度要和焊条的熔化速度相等;②使焊条沿焊缝做纵向运动,移动速度就是焊接速度;③使焊条沿焊缝做横向摆动,这样可以获得适当宽度的焊缝。

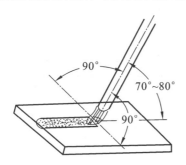

图 5-6 焊条与焊件间的角度

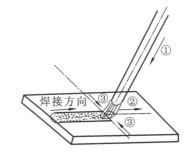

图 5-7 运条过程中的三个基本动作

3. 接头方法

焊条的长度是有限的,因此同一条焊缝在焊接过程中一定会产生焊缝接头。常用的接头形式分为两类:一类是冷接头,另一类是热接头。冷接头和热接头的区别在于重新焊接时,原先的熔池是否冷却。

4. 收弧方法

收弧是焊接过程中最后也是非常关键的动作,操作不当,会出现凹坑、缩孔、裂纹等缺陷。收弧方法有两种:连弧法收弧和断弧法收弧。

1）连弧法收弧

连弧法收弧分为两种情况：一种情况是更换焊条时，将电弧缓慢拉向后方坡口的一侧约 10 mm 后再慢慢熄弧；另一种情况是焊缝收尾时，将电弧在弧坑处稍作停留，待弧坑填满后向上抬起将电弧慢慢拉长，然后熄弧。

2）断弧法收弧

焊缝收尾时，将电弧拉向坡口边缘，反复运用起弧、收弧的方法填满弧坑。

5.3.5　接头形式、坡口形式和焊接位置

1. 接头形式

把两个工件焊接在一起时，两个工件的相对位置决定了它们的接头形式。手工电弧焊常用的接头形式有对接接头、角接接头、搭接接头和 T 形接头四种，如图 5-8 所示。

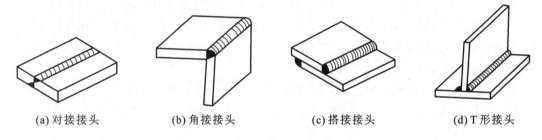

(a) 对接接头　　　(b) 角接接头　　　(c) 搭接接头　　　(d) T 形接头

图 5-8　接头形式

2. 坡口形式

焊接过程中需要满足零件的设计和工艺要求，同时为了焊透、减少焊件熔入熔池的相对数量及焊接完成后清理熔渣方便，要在焊件的待焊接部位加工出一定形状的沟槽，这种沟槽称为坡口。一般用机械（剪切、刨削、车削）的方法加工坡口，这个过程叫开坡口。坡口形式如图 5-9 所示。为了防止烧穿，常在坡口根部留 2～4 mm 的直边，称为钝边。

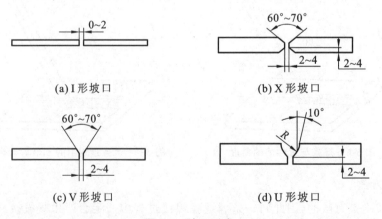

(a) I 形坡口　　　　　　　　(b) X 形坡口

(c) V 形坡口　　　　　　　　(d) U 形坡口

图 5-9　坡口形式

3. 焊接位置

焊接位置可以分为四种：平焊、立焊、横焊和仰焊，如图 5-10 所示。

  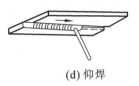

(a) 平焊　　　　(b) 立焊　　　　(c) 横焊　　　　(d) 仰焊

图 5-10　焊接位置

5.3.6　手工电弧焊的优点和缺点

手工电弧焊应用广泛是因为它具有以下优点。

（1）使用的设备简单，购置设备投资少，只需要简单的辅助工具。

（2）不需要气体保护，焊条不但能提供填充金属，而且在焊接过程中能够产生保护熔池和焊接处的金属不被氧化的保护气体，同时具有较强的抗风能力。

（3）操作灵活，适应性强，凡是焊条能够到达的地方都能进行手工电弧焊。

（4）应用范围广，适用于大多数工业用金属和合金的焊接。

手工电弧焊具有以下缺点。

（1）手工电弧焊的焊接质量在一定程度上取决于操作者的技术水平。

（2）由于操作者主要靠手工操作和眼睛观察，并且始终处于高温和有毒烟尘环境中，因此劳动条件差。

（3）手工电弧焊是手工操作，工作时还要经常更换焊条，并清理熔渣，因此生产效率比自动焊低。

（4）手工电弧焊不适合于特殊金属和薄板的焊接，对于活泼金属，如钛、锆等达不到焊接质量要求，手工电弧焊焊接的工件厚度一般在 1.5 mm 以上，1 mm 以下的薄板不宜采用手工电弧焊。

 ## 5.4　气焊与气割

5.4.1　气焊设备

气焊运用的设备包括氧气瓶、乙炔瓶（或乙炔发生器）、回火防止器、焊炬和减压器等。它们之间用胶管连接，形成整套系统，如图 5-11 所示。

1. 氧气瓶

氧气瓶是一种储存和运输氧气用的高压容器，外表面涂有天蓝色油漆，并用黑色油漆标有"氧气"字样。氧气瓶内氧气的压力为 15 MPa。放置氧气瓶必须平稳、可靠，氧气瓶不应与其他气瓶混合放置在一起，运输时应避免相互碰撞。氧气瓶不得靠近气焊工作地点和其他热源。

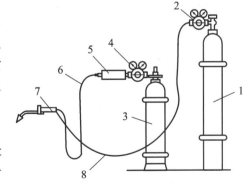

图 5-11　气焊设备及其连接

1—氧气瓶（天蓝色）；2—氧气减压器；3—乙炔瓶（白色）；
4—乙炔减压器；5—回火防止器；6—乙炔管（红色）；
7—焊炬；8—氧气管（黑色）

2. 乙炔发生器

乙炔发生器是利用电石和水相互作用制取乙炔的设备。乙炔瓶的外表面涂有白色油漆,并用红色油漆标有"乙炔"字样。乙炔发生器分为低压式乙炔发生器和中压式乙炔发生器两类,低压式乙炔发生器制取的乙炔压力为45 kPa,中压式乙炔发生器制取的乙炔压力为45～150 kPa。现在,大多使用排水式中压乙炔发生器,浮桶式低压乙炔发生器由于安全性能差已逐渐被淘汰。

3. 溶解乙炔气瓶

乙炔具有大量溶解于丙酮溶液的特点,因此可以利用溶解乙炔气瓶来储存和运输乙炔气体。与用乙炔发生器直接制取乙炔相比,采用溶解乙炔气瓶具有下列优点。

(1) 由于溶解乙炔是由专业化工厂生产的,因此可节省30%左右的电石。

(2) 溶解乙炔的纯度高,有害杂质和水分含量很少,可提高焊接质量。

(3) 溶解乙炔气瓶比乙炔发生器具有更高的安全性,因此溶解乙炔气瓶允许在热车间和锅炉房使用,而在这些场所是不允许使用乙炔发生器的,其原因是避免从乙炔发生器中漏出气态乙炔,造成爆炸。

(4) 溶解乙炔气瓶可以在低温情况下工作,不存在因水封回火防止器及胶管中的水分结冰而停止供气的现象,对于北方寒冷地区更具有优越性。

(5) 焊接设备轻便,操作简单,工作地点也比较清洁、卫生,既没有给水、排水和储存电石渣的装置,也省去了加料、排渣和管理乙炔发生器等操作。

(6) 溶解乙炔的压力高,能使焊炬和割炬稳定地工作。

4. 回火防止器

回火防止器是一种安全装置,其作用是在气焊、气割过程中发生回火时,能自动切断气源,防止乙炔发生器(或溶解乙炔气瓶)爆炸。回火防止器有水封式和干式两种结构。

5. 减压器

减压器的作用是把储存在气瓶内的高压气体的压力减小到所需要的工作压力,并使输出压力稳定。减压器有氧气减压器、乙炔减压器等,不能混用。

6. 焊炬

焊炬的作用是将乙炔和氧气按一定的比例均匀混合,由焊嘴喷出并点火燃烧,产生火焰。射吸式焊炬的外形构造如图 5-12 所示。各种型号的焊炬均配有 3～5 个大小不同的焊嘴,以便在焊接不同厚度的焊件时可以选择使用。

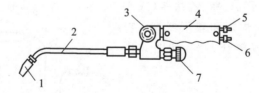

图 5-12　射吸式焊炬的外形构造
1—焊嘴;2—混合管;3—乙炔阀门;4—手把;5—乙炔管;6—氧气管;7—氧气阀门

5.4.2　焊丝与焊剂

1. 焊丝

气焊所用的焊丝是没有药皮的金属丝,其成分与工件基本相同,原则上要求焊缝与工件达到相等的强度。常见的焊丝有低碳钢类、铸铁类、不锈钢类、黄铜类、铝合金类等,其型号、牌号应根据焊件材料的力学性能或化学成分进行选择。焊丝的直径则根据焊件的厚度来决定，焊接厚度为 5 mm 以下的板材时，焊丝直径要与焊件的厚度相近。焊丝的熔点应等于或略低于被焊金属的熔点。

2. 焊剂

焊接低碳钢时，只要接头表面干净，不必使用焊剂。焊接合金钢和有色金属时，熔池中容易产生高熔点的稳定氧化物，如 Cr_2O_3 和 Al_2O_3 等，使焊缝中夹渣，在焊接时，使用适当的焊剂，焊剂可与这类氧化物反应生成低熔点的熔渣浮出熔池。因为金属氧化物多呈碱性，所以一般用酸性焊剂，如硼砂、硼酸等。但焊接铸铁时，往往有较多的 SiO_2 出现，这种情况下应采用碱性焊剂，如碳酸钠和碳酸钾等。

5.4.3 气焊的基本操作

1. 点火、火焰调节与灭火

点火时，先微开氧气阀门，再打开乙炔阀门，随后点燃火焰，这时的火焰是碳化焰，接着，逐渐开大氧气阀门，将碳化焰调节成中性焰，同时，按需要把火焰调整到合适的大小。灭火时，应先关乙炔阀门，后关氧气阀门。

气焊火焰的类型如图 5-13 所示。图 5-13(a)所示为中性焰，由焰心、内焰和外焰三部分组成。中性焰乙炔燃烧充分，火焰温度高。中性焰应用最广泛，适用于焊接低碳钢、中碳钢、合金钢、纯铜和铝合金等材料。图 5-13(b)所示为碳化焰，也由焰心、内焰和外焰组成。由于氧气不足，乙炔燃烧不完全，火焰中含有游离碳，具有较强的还原性和一定的渗碳作用，适用于焊接高碳钢、铸铁和硬质合金等材料。图 5-13(c)所示为氧化焰，只有焰心和外焰两部分。由于氧气过剩，乙炔燃烧剧烈，火焰明显缩短。过剩的氧气对熔池金属有强烈的氧化作用，从而影响焊缝质量，因此氧化焰应用较少，仅用于焊接黄铜和镀锌钢板。

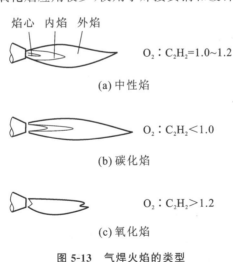

图 5-13 气焊火焰的类型

2. 堆平焊波

1）焊件准备

将焊件表面的氧化皮、铁锈、油污等用钢丝刷清理干净，使焊件露出金属表面。

2）正常焊接

气焊时，一般用左手拿焊丝，右手拿焊炬，两手的动作要协调，沿焊缝向左或向右焊接。

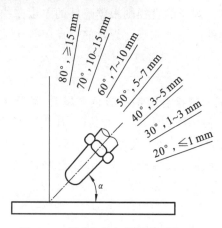

图 5-14 焊嘴倾角与焊件厚度的关系

焊嘴轴线的投影应与焊缝重合,同时要注意掌握好焊嘴倾角 α。焊嘴倾角与焊件厚度的关系如图 5-14 所示。焊件愈厚,α 愈大。在焊接开始时,为了较快地加热焊件和迅速形成熔池,α 应大一些。正常焊接时,α 一般保持在 $30°\sim50°$ 范围内。焊炬向前移动的速度应能保证使焊件熔化并保持熔池具有一定的大小。焊件熔化形成熔池后,再将焊丝适量地点入熔池内熔化。

3)焊缝收尾

当焊到焊缝终点时,由于端部散热条件差,应减小焊嘴倾角($20°\sim30°$),同时要增加焊接速度,并多加一些焊丝,以便更好地填满熔池和避免焊穿。

5.4.4 气割

割炬是气割时所用的工具,割炬按预热火焰中氧气和乙炔混合方式的不同分为射吸式割炬和等压式割炬两种,其中,射吸式割炬的使用更普遍。射吸式割炬的外形如图 5-15 所示。割炬的作用是使氧气与乙炔按比例混合,形成预热火焰,并将高压纯氧喷射到被切割的工件上,使被切割金属在氧气流中燃烧,同时,氧气流把燃烧生成的熔渣(氧化物)吹走而形成割缝。

1. 气割的过程

气割是低碳钢和低合金钢切割中普遍使用的一种方法。氧气切割(简称气割)是利用气体火焰(氧-乙炔火焰)燃烧产生的高温来切割工件的。气割示意图如图 5-16 所示。气割时,先把工件切割处的金属预热到它的燃点,然后以高速纯氧气流猛吹,这时金属就会发生剧烈氧化,所产生的热量把金属氧化物熔化成液体,同时,氧气流又把氧化物吹走,工件就被切割出了整齐的切口。只要将割炬向前移动,就能将工件连续切开。

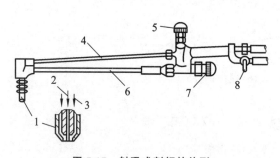

图 5-15 射吸式割炬的外形
1—割嘴;2—切割氧气;3—混合气体;4—切割氧气管;
5—切割氧气阀门;6—混合气管;7—预热氧气阀门;8—乙炔阀门

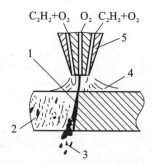

图 5-16 气割示意图
1—氧气流;2—切口;3—氧化物;
4—预热火焰;5—割嘴

2. 气割的条件

金属的性质必须满足下列几个基本条件,才能进行气割。

(1)金属的燃点应低于其熔点。例如,低碳钢在氧气中的燃点约为 $1350\ ℃$,而熔点约为 $1500\ ℃$,所以低碳钢具有良好的气割性能,而高碳钢、铸铁则不能满足这一要求。

（2）金属氧化物的熔点应低于金属的熔点，以便及时将氧化物吹走形成光滑的切口，否则，高熔点的氧化物会阻碍下层金属与切割氧气的接触，使气割不能顺利进行。

（3）金属材料燃烧时能释放出较多的热量，而本身的导热性不能过高。这是保证下层金属能够迅速预热至燃点使切割连续进行的基本条件，否则，不能对下层和前方待切割金属集中进行加热，待切割金属难以达到燃点温度，使切割很难继续进行。

3. 气割的工艺参数

气割的工艺参数包括切割氧气压力、预热火焰、切割速度、割嘴倾角等。

1）切割氧气压力

工件厚度增加，切割氧气压力随之增加。在一定的切割厚度下，若切割氧气压力不足，会使切割过程的氧化反应减慢，切口下缘容易形成黏渣，甚至割不穿工件；若切割氧气压力过高，不仅会造成氧气的浪费，还会使切口变宽，切割面粗糙度增大。

2）预热火焰

预热火焰应采用中性焰，其作用是将工件切口处的金属加热至能在氧气流中燃烧的温度，同时使切口表面的氧化皮剥落和熔化。

3）切割速度

切割速度与工件厚度、切割氧气的纯度与压力、割嘴气流孔道的形状等有关。切割速度过慢，会使切口上缘熔化，过快则会产生较大的后拖量，甚至无法割透。

4）割嘴倾角

割嘴与工件表面的距离应始终使预热火焰的焰心端部距离工件表面 3～5 mm，同时割嘴与工件之间应始终保持一定的倾角，如图 5-17 所示。割嘴应与切口两边垂直，如图 5-17（a）所示，否则会切出斜边，影响工件的尺寸精度。当切割厚度小于 5 mm 的工件时，割嘴应向后倾斜 5°～10°，如图 5-17（b）所示。当切割厚度为 5～30 mm 的工件时，割嘴应垂直于工件，如图 5-17（c）所示。当工件厚度大于 30 mm 时，开始时割嘴应向前倾斜 5°～10°，待割穿后，割嘴应垂直于工件，而结束时割嘴应向后倾斜 5°～10°，如图 5-17（d）所示。

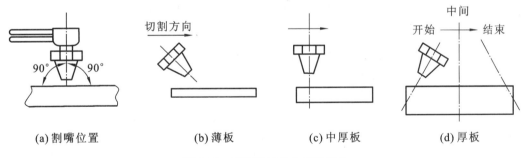

（a）割嘴位置　　　　（b）薄板　　　　（c）中厚板　　　　（d）厚板

图 5-17　割嘴与工件之间的倾角

4. 气割的操作

气割前，应根据工件厚度选择割嘴大小和切割氧气压力，并将工件割缝处的水分、锈迹和油污清理干净，划好切割线。割缝的背面留一定的空间便于切割氧气流冲出。点火时，先微开预热氧气阀门，再打开乙炔阀门，用明火点燃火焰后，将碳化焰调节成中性焰，然后将切割氧气阀门打开，观察预热火焰是否能在切割氧气压力下变成碳化焰。

用预热火焰将切口始端预热到金属的燃点（呈亮红色），然后打开切割氧气阀门，待切口始端被割穿后，移动割炬进行正常切割。

5.5 其他焊接方法简介

电弧焊以电极和工件之间燃烧的电弧作为热源,是目前应用最广泛的焊接方法。除了手工电弧焊之外,常用的焊接方法还有埋弧焊、气体保护焊、电阻焊等。同时,现代化工业对特种焊接方法的要求越来越高,于是新的焊接方法也不断出现。

5.5.1 埋弧焊

埋弧焊以连续送进的焊丝作为电极和填充金属,焊接时在焊接区的上面覆盖一层颗粒状焊剂,电弧在焊剂层下燃烧,将焊丝端部和局部母材熔化形成焊缝。

埋弧焊分为自动埋弧焊和手工埋弧焊两种,自动埋弧焊焊丝的送进和电弧的移动均由专用焊接小车完成,手工埋弧焊焊丝的送进由机械完成,电弧的移动由焊枪完成。

1. 埋弧焊的工作过程

埋弧焊的焊接设备包括电源、导电嘴、送丝机构、焊剂漏斗、软管等。埋弧焊过程示意图如图 5-18 所示,分为四个部分:①焊接电源分别接在导电嘴和工件上以产生电弧;②焊丝由焊丝盘经过送丝机构和导电嘴送入焊接区;③颗粒状焊剂由焊剂漏斗经软管均匀地堆敷到焊缝区;④焊丝和送丝机构、焊剂漏斗和焊接控制盘等通常装在专用焊接小车上,方便焊接电弧的移动。

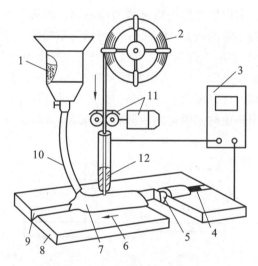

图 5-18 埋弧焊过程示意图

1—焊剂漏斗;2—焊丝;3—电源;4—渣壳;5—熔敷金属;6—焊接方向;
7—焊剂;8—母材;9—坡口;10—软管;11—送丝机构;12—导电嘴

埋弧焊焊缝的形成过程如图 5-19 所示。焊接时,连续送进的焊丝在一层可熔化的颗粒状焊剂的覆盖下引燃电弧。当电弧热使焊丝、母材和焊剂熔化以至于部分蒸发后,在电弧区由金属和焊剂蒸气构成一个空腔,电弧就在这个空腔内稳定地燃烧。空腔底部是熔化的焊丝和母材形成的金属熔池,顶部是熔融焊剂形成的熔渣。气泡快速溢出熔池表面,熔池金属受熔渣和焊剂蒸气的保护不和空气接触。随着电弧的前移,液态金属被电弧力推向后方并逐渐冷却形成焊缝,熔渣则凝固成渣壳覆盖在焊缝表面。

埋弧焊可以采用较大的焊接电流。和手工电弧焊相比,埋弧焊最大的优点是焊缝质量

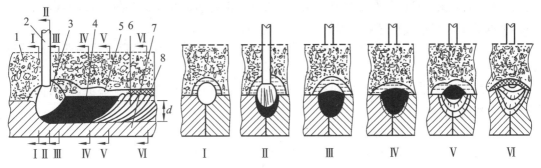

图 5-19　埋弧焊焊缝的形成过程

1—焊剂；2—焊丝；3—电弧；4—熔池；5—熔渣；6—焊缝；7—焊件；8—渣壳；d—熔深

好、焊接速度快，因此，埋弧焊特别适合于焊接大型工件的直缝和环缝，并且多采用机械化的方式完成。

2. 埋弧焊的特点及应用

埋弧焊具有以下几个优点。

（1）生产效率高，由于焊接电流大及焊剂蒸气和熔渣的保护，电弧的熔透能力和焊丝的熔敷速度都大大提高。

（2）焊接质量好。熔化金属不和空气接触，焊缝金属中含氮量低，熔池金属凝固慢，使焊缝中的气孔、裂纹减少。

（3）弧光不外露，劳动条件好。

（4）焊接工艺通过自动调节保持稳定，对操作者的技术要求低。

埋弧焊具有以下几个缺点。

（1）由于用颗粒状焊剂进行保护，一般适合于平焊和角焊。

（2）焊接时由于不能直接观察电弧和坡口的相对位置，所以需要用焊缝自动跟踪装置保证焊炬对准焊缝不焊偏。

由于埋弧焊熔深大，生产效率高，机械化程度高，所以特别适合于中厚板长焊缝的焊接。在船舶、锅炉、压力容器、桥梁、起重机械、工程机械及冶金机械的制造中，埋弧焊是主要的焊接方法。

5.5.2　气体保护焊

气体保护焊过程中，保护气体从喷嘴中以一定的速度喷出，作为保护介质把电弧、熔池和空气隔开，从而获得性能良好的焊缝。根据电极是否熔化，气体保护焊分为钨极气体保护焊和熔化极气体保护焊。由于利用外加气体作为保护介质，因此电弧和熔池的可见性好，操作方便。

1. 钨极气体保护焊

根据保护气体的活性程度，气体保护焊分为惰性气体保护焊和活性气体保护焊。钨极氩气保护焊是典型的惰性气体保护焊，在氩气的保护下，利用钨极和工件产生的电弧热熔化母材（若加焊丝，则同时熔化焊丝）进行焊接。这里以钨极氩气保护焊为例介绍钨极气体保护焊。

1）钨极氩气保护焊的原理及特点

焊接时氩气从焊枪的喷嘴中连续喷出，在电弧周围形成气体保护层隔绝空气，以防止空

气对钨极、熔池及临近的热影响区产生影响,从而获得优质的焊缝。根据工件的具体情况,可以加或者不加焊丝。钨极氩气保护焊具有以下特点。

(1)氩气可以很好地隔绝周围空气,并且不与金属发生化学反应,因此容易获得高质量的焊缝。

(2)钨极电弧非常稳定,特别适合于薄板的焊接,但是容易受周围气流的影响,因此不适合于室外作业。

(3)一般不产生飞溅,焊缝比较美观。

(4)由于氩气价格较贵,焊机较复杂,所以生产成本较高。

2)钨极氩气保护焊的应用范围

虽然钨极氩气保护焊适合于各种金属和合金的焊接,但是从成本方面来考虑,这种焊接方法通常用于焊接铝、镁、钛、铜等有色金属,以及不锈钢、耐热钢等。另外,对于低熔点和易蒸发的金属(如铅、锡、锌),采用这种方法焊接比较困难。从厚度的角度来说,这种焊接方法更适合于焊接厚度在 3 mm 以下的金属。

2. 熔化极气体保护焊

利用外加气体作为电弧介质并保护熔滴、熔池金属及焊接区的高温金属免受周围空气的有害作用,通过连续等速送进的可熔化的焊丝与被焊工件之间产生的电弧作为热源来熔化焊丝和母材形成熔池和焊缝的焊接方法称为熔化极气体保护焊。

不同种类的熔化极气体保护焊对电弧状态、冶金反应等有不同的影响。以氩气、氦气或其他惰性气体为保护气体的焊接方法称为熔化极惰性气体保护焊,该方法一般用于铝、铜、钛等有色金属的焊接。在氩气中加入少量氧化性气体(如 O_2、CO_2 等)能提高电弧的稳定性,以此作为保护气体的焊接方法称为熔化极活性气体保护焊,该方法通常用于黑色金属的焊接。采用纯 CO_2 作为保护气体的焊接方法称为 CO_2 气体保护焊,这种焊接方法已经成为黑色金属主要的焊接方法。这里以 CO_2 气体保护焊为例介绍熔化极气体保护焊。

1)CO_2 气体保护焊的原理

CO_2 气体保护焊原理及焊机结构示意图如图 5-20 所示。这种焊接方法以焊件和焊丝作为电极产生焊接电弧,通入干燥、预热的 CO_2 气体对焊接区域进行保护,以自动或半自动的方式进行焊接。

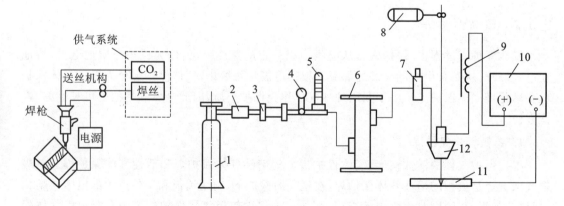

图 5-20 CO_2 气体保护焊原理及焊机结构示意图

1—CO_2气瓶;2—预热器;3—高压干燥器;4—减压器;5—流量计;6—低压干燥器;7—气阀;
8—送丝机构;9—可调电感器;10—焊接电源;11—焊件;12—焊枪

2）CO_2气体保护焊的特点及应用

CO_2气体保护焊具有以下优点。

（1）生产效率高。由于焊丝的熔敷速度快，其生产效率比手工电弧焊高1～3倍。

（2）成本低。由于气体的价格低，所以CO_2气体保护焊的成本只有手工电弧焊的40％～50％。

（3）能耗低。

（4）焊缝的含氢量低，所以抗锈性和抗裂性好。

（5）电弧的可见性好，焊后不需要清渣，有利于实现焊接过程的机械化。

CO_2气体保护焊也存在一些缺点，如金属飞溅较严重、弧光强、烟雾较大、焊缝不是很美观等。

CO_2在1 000 ℃以上的高温下会分解成CO和O_2，具有一定的氧化性，因此CO_2气体保护焊不适合于焊接易氧化的非铁金属。CO_2气体保护焊主要用于焊接低碳钢和合金钢等。

5.6 常见的焊接缺陷及检验方法

5.6.1 焊接变形

1. 焊接应力与变形

焊接时，由于工件的加热和冷却是不均匀的，造成焊件各部分热胀冷缩的速度和组织变化的先后顺序不一致，从而导致焊接应力和变形的产生。焊接变形是焊件自身降低其应力的结果，变形的表现形式与工件的截面尺寸、焊缝布置、焊接元件的组合方式及焊接接头的形式等因素有关。焊接变形的基本形式有收缩变形、角变形、弯曲变形、扭曲变形和波浪变形等，如图5-21所示。

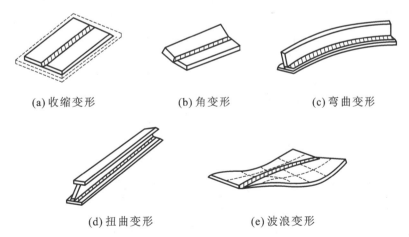

(a) 收缩变形　　　　　(b) 角变形　　　　　(c) 弯曲变形

(d) 扭曲变形　　　　　(e) 波浪变形

图 5-21　焊接变形的基本形式

2. 预防和减小焊接应力及焊接变形的措施

焊接过程中，可以采取以下措施预防和减小焊接应力及焊接变形。

（1）合理设计焊接结构，尽量减少焊缝并减小焊缝的长度和截面尺寸，同时尽量使结构中的所有焊缝对称，避免焊缝交叉。

（2）反变形法。根据实验或计算,确定工件焊后产生变形的方向和大小,焊前将工件预先斜置或预先弯曲成等值反向角度,使焊后的工件能满足要求。反变形法示意图如图 5-22 所示。

（3）刚性固定法。采用夹具等固定,可以显著减小角变形和波浪变形,对防止弯曲变形的效果不如反变形法。刚性固定法防止角变形示意图如图 5-23 所示。

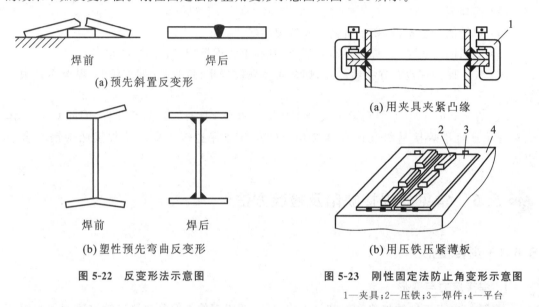

图 5-22　反变形法示意图

图 5-23　刚性固定法防止角变形示意图

1—夹具;2—压铁;3—焊件;4—平台

（4）采用合理的焊接顺序,尽量使焊缝的纵向和横向都能自由收缩,避免焊缝交叉处应力过大产生裂纹;采用对称焊接顺序以减小变形;长焊缝可采用分段退焊法或跳焊法。图 5-24 所示为工字梁合理的焊接顺序。

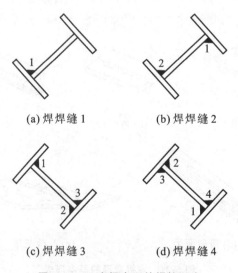

图 5-24　工字梁合理的焊接顺序

（5）焊前预热。焊前对焊件预热,可减少焊件各部分的温差,对减小焊接应力与变形较为有效。重要焊件可整体预热。局部预热是指焊前选择焊件的合理部位局部加热使其伸长,焊后冷却时,加热区与焊缝同时收缩。

（6）焊后热处理。采取去应力退火的方法将焊件整体或局部加热到 600～650 ℃，保温一定时间后缓慢冷却。

（7）锤击焊缝法。用圆头小锤对焊后红热的焊缝金属进行均匀、适度的锤击，使其延伸变形，同时释放出部分能量，减小焊接应力和变形。

3. 焊接变形的矫正

焊接变形的矫正方法有以下两种。

（1）机械矫正法，即用机械的方法将变形矫正过来，生产中常用的设备有辊轮、压力机、矫直机等。薄板焊接最常见的变形为波浪变形，其矫正较难，一般用锤击法进行矫正。机械矫正示意图如图 5-25 所示。

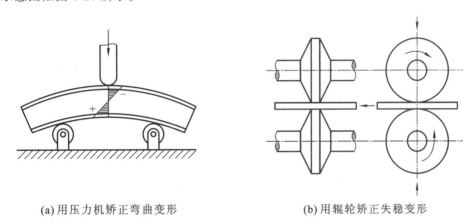

(a) 用压力机矫正弯曲变形　　　　　　　(b) 用辊轮矫正失稳变形

图 5-25　机械矫正示意图

（2）火焰矫正法，即加热焊件的某些部位使其受热膨胀，冷却时收缩而矫正变形。梁变形的火焰矫正示意图如图 5-26 所示。火焰矫正法操作简单，适用范围广。采用火焰矫正法时应注意控制温度和加热位置，对低碳钢和普通低合金钢通常采用 600～800 ℃ 的加热温度。

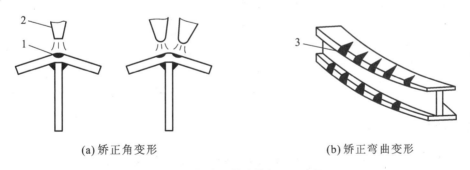

(a) 矫正角变形　　　　　　　　　(b) 矫正弯曲变形

图 5-26　梁变形的火焰矫正示意图

1,3—加热区域；2—焰炬

5.6.2　焊接接头处的缺陷

焊接接头处常见的缺陷主要有气孔、夹渣、焊接裂纹、未焊透、未融合、咬边等，其特征、产生原因及预防措施如表 5-2 所示。

表 5-2　焊接接头处常见缺陷的特征、产生原因及预防措施

缺陷名称	特征	产生原因	预防措施
气孔	焊接时熔池中的气体在焊缝凝固时未能逸出而留下来形成空穴	焊接材料不清洁；焊条药皮中水分过多；焊接规范不恰当，冷却速度太快	仔细清理焊件的待焊表面及附近区域；烘干焊条；采用合适的焊接电流
夹渣	焊后有熔渣残留在焊缝中的熔渣焊道间	焊接材料未清理干净；焊接电流太小；焊接速度太快	仔细清理待焊表面；减缓熔池的结晶速度
未焊透	焊缝金属与母材之间未被电弧熔化而留下空隙，常发生在单面焊根部和双面焊中部	坡口角度或间隙太小，钝边过厚；坡口不清洁；焊条太粗，焊接速度过快，焊接电流太小；操作不当	坡口角度、间隙、钝边必须合乎规范；选择合适的焊接参数；若采用CO_2气体保护焊，可用陶瓷衬垫实施单面焊双面成形
咬边	沿焊趾的母材部分产生沟槽或凹坑	焊接电流过大；电弧过长；焊条角度不当	选择正确的焊接电流和焊接速度；掌握正确的运条方法；采用合适的焊条角度和弧长
焊接裂纹	焊接过程中或焊接完成后，在焊接接头区域出现金属局部破裂的现象	母材中硫、磷的含量高；焊缝冷却速度太快，焊接应力大；焊接材料或工件材料选择不当；焊接结构设计不合理	限制母材中硫、磷的含量；焊前预热；选用抗裂性好的低氢型焊条；清除焊件表面的油污和锈痕；焊后热处理
烧穿	焊接时，熔深超过焊件厚度，金属液从焊缝反面漏出而形成穿孔	坡口间隙太大；焊接电流太大或焊接速度太慢；运条方法或焊条角度不当	选择合理的坡口间隙；选择合适的焊接规范；掌握正确的运条方法
焊瘤	熔化金属流淌到焊缝之外的母材上形成金属瘤	焊接电流太大，电弧太长，焊接速度太慢；焊接位置及运条方法不当	尽可能采用平焊；选择合适的焊接规范；掌握正确的运条方法

5.6.3　焊接质量的检验

　　对焊缝进行必要的检验是保证焊接质量的重要措施。因此，工件焊完后应根据产品技术要求对焊缝进行相应的检验。焊接质量的检验包括外观检查、无损探伤和机械性能试验三个方面。

1. 外观检查

　　外观检查一般采用肉眼观察或借助于量规和低倍放大镜等工具进行检验。通过外观检查，可以发现焊缝表面的缺陷，如咬边、表面裂纹、气孔、夹渣等。

2. 无损探伤

　　无损探伤的目的是对隐藏在焊缝内部的夹渣、气孔、裂纹等缺陷进行检验。目前，普遍

使用的无损探伤方法是 X 射线检验、超声波探伤和磁粉探伤。

X 射线检验的原理如图 5-27 所示，X 射线通过被检验的焊缝时，在有缺陷处和无缺陷处被吸收的程度是不同的，X 射线透过后其强度的衰减有明显的差异，作用在胶片上的感光程度也不一样，因此，通过观察胶片上的影像就能发现焊缝内部缺陷的种类、大小和分布情况。

超声波探伤的原理如图 5-28 所示。超声波束由探头发出，当超声波束传到金属板底面与空气接触的界面时，会发生折射而通过焊缝。如果焊缝中有缺陷，超声波束会反射到探头而被接收，这时荧光屏上会出现反射波。将这些反射波与正常波进行比较、鉴别，就可以确定缺陷的大小及位置。超声波探伤比 X 射线检验简便得多，因而得到了广泛的应用。但是超声波探伤往往只能凭经验做出判断，而且不能留下检验依据。

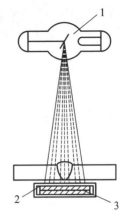

图 5-27　X 射线检验的原理
1—X 射线管；2—暗盒；3—胶片

对于离焊缝表面较近的内部缺陷和表面极微小的裂纹，还可以采用磁粉探伤法。磁粉探伤是利用缺陷部位发生的漏磁吸引磁粉的特性来进行探伤的，其原理如图 5-29 所示。磁粉探伤仪的触头接触工件后，通电建立磁场，如果材料没有缺陷，磁场是均匀的，磁力线均匀分布。当材料有缺陷时，磁阻发生变化，磁力线也发生变化，磁力线会绕过缺陷部位而聚集在材料表面，形成较强的漏磁场，工件表面的磁粉会在漏磁处堆积，从而显示缺陷的位置和轮廓。

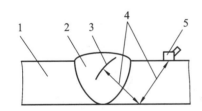

图 5-28　超声波探伤的原理
1—工件；2—焊缝；3—缺陷；4—超声波束；5—探头

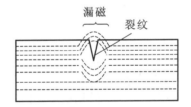

图 5-29　磁粉探伤的原理

3. 水压试验和气压试验

对于有密封性要求的受压容器，必须进行水压试验或气压试验，以检查焊缝的密封性。进行水压试验时，将被试容器灌满水，彻底排除空气并密封，用压力泵慢慢向容器内加压。升压过程应缓慢进行，当水压达到规定压力后，停止加压，关闭进水阀，并保持一定时间，看压力是否有下降现象。此后再将压力缓慢降至规定压力的 80%，保持足够长的时间，并对所有焊缝和连接部位进行渗漏检查，如果有渗漏，修补后重新进行试验。

第6章　切削加工

6.1　概述

6.1.1　切削加工的切削运动

在机械加工中,用刀具切除工件上多余的金属时,不管采用哪种机床加工,刀具和工件之间必须具有一定的相对运动,该运动称为切削运动。根据在切削过程中所起的作用的不同,切削运动可以分为主运动和进给运动两种。

1. 主运动

使工件与刀具产生相对运动而进行切削的最基本的运动称为主运动。这个运动的速度最快,消耗的功率最大。例如,外圆车削时工件的旋转运动和平面刨削时刀具的直线往复运动都是主运动。在切削加工过程中,有且仅有一个主运动。

2. 进给运动

使主运动能够继续切除工件上多余的金属以形成工件表面所需的运动称为进给运动。例如,车削中车刀的纵向、横向移动,铣削和刨削中工件的横向、纵向移动等都是进给运动,如图 6-1 所示。进给运动可能不止一个,它的运动形式可以是直线运动或旋转运动,也可以是两种运动的组合。

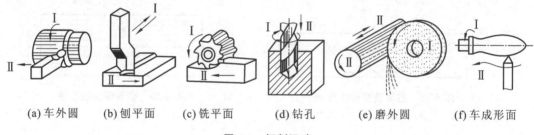

(a) 车外圆　　(b) 刨平面　　(c) 铣平面　　(d) 钻孔　　(e) 磨外圆　　(f) 车成形面

图 6-1　切削运动

Ⅰ—主运动;Ⅱ—进给运动

切削运动有旋转运动或直线运动,也有曲线运动;有连续的运动,也有间断的运动。切削运动可以由切削刀具和工件分别运动完成,也可以由切削刀具和工件同时运动完成或交替运动完成。

在切削加工过程中,工件上始终有三个不断变化着的表面,详述如下。

(1)待加工表面:工件上即将被切去的表面。

(2)过渡表面:工件上由切削刃形成的那一部分表面。

(3)已加工表面:工件上经刀具切除掉一部分金属形成的新表面。

外圆车削的切削运动与加工表面如图 6-2 所示。

6.1.2　切削加工的切削用量

在切削加工过程中,需要针对不同的工件材料、刀具材料和其他加工要求来选定适宜的切削速度、进给量或进给速度,还要选定适宜的背吃刀量。切削速度、进给量和背吃刀量通常称为切削用量的三要素。

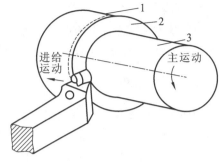

图 6-2 外圆车削的切削运动与加工表面
1—待加工表面;2—过渡表面;
3—已加工表面

1. 切削速度

切削速度是切削刃上选定点相对于工件待加工表面在主运动方向上的瞬时速度。切削刃上各点的切削速度可能是不同的。当主运动是旋转运动时,切削速度为其最大线速度。

提高切削速度,则生产效率和加工质量都会有所提高,但切削速度的提高受机床动力和刀具耐用度的限制。

2. 进给量

进给量是指在主运动的一个工作循环内,刀具与工件在进给运动方向上的相对位移量。当主运动为旋转运动时,进给量的单位为 mm/r,称为每转进给量。当主运动为直线往复运动时,进给量的单位为 mm/st,称为每行程(往复一次)进给量。对于铰刀、铣刀等多齿刀具,进给量指每齿进给量。单位时间的进给量称为进给速度。一般,进给量越大,生产效率越高,但是,工件表面的加工质量也会越差。

3. 背吃刀量

背吃刀量一般是指工件待加工表面与已加工表面间的垂直距离。背吃刀量增加,生产效率提高,但切削力也会随之增加,容易引起工件振动,使加工质量下降。

6.2 机械加工零件的技术要求

任何机械产品都是由若干机械零件装配而成的,产品的使用性能和寿命取决于每个零件的加工质量和零件的装配质量。在设计零件时应对每个零件提出合理的技术要求。机械加工零件的技术要求包括加工精度、表面粗糙度、零件热处理及表面处理等。

6.2.1 加工精度

加工精度是指工件加工后,其实际的尺寸、形状和相互位置等几何参数与理想几何参数相符合的程度,它包括尺寸精度、形状精度和位置精度。

1. 尺寸精度

尺寸精度是指零件的实际尺寸相对于理想尺寸的准确程度。它包括表面本身的尺寸和表面间的尺寸,用尺寸公差来控制。尺寸公差指允许的尺寸变动量。尺寸精度的高低,用尺寸公差等级或相应的公差值来表示。尺寸公差分为 20 个等级,分别用 IT01、IT0、IT1 至 IT18 表示,精度等级依次降低。IT 表示标准公差,后面的数字表示公差等级。IT01、IT0、IT1 至 IT12 用于配合尺寸,IT13 至 IT18 用于非配合尺寸。

2. 形状精度

形状精度是指零件上的线、面等要素的实际形状相对于理想形状的准确程度,如直线度、平面度、圆度、圆柱度、线轮廓度、面轮廓度等。

3. 位置精度

位置精度是指零件上的点、线、面等要素的实际位置相对于理想位置的准确程度,如两平面间的平行度、垂直度,两圆柱面轴线的同轴度,一根轴线与一个平面间的垂直度、倾斜度等。

6.2.2 表面粗糙度

表面粗糙度是指零件表面的微观不平程度。它会影响零件的配合性质、耐磨性及密封性,从而影响零件的使用寿命和产品的使用性能。用轮廓算术平均偏差 Ra 表示表面粗糙度,Ra 值越大,表面越粗糙,反之表面越光滑。

6.3 刀具

在切削过程中,刀具切削性能的好坏与刀具切削部分的材料密切相关。刀具材料通常是指刀具切削部分的材料。

6.3.1 对刀具材料的基本要求

在切削过程中,刀具的切削部分不仅要承受很大的切削力和摩擦力,而且要承受切削所产生的高温。因此,刀具材料应具备以下性能:第一,刀具材料必须具有高于工件材料的硬度,否则无法切入工件;第二,为了承受切削力,以及切削过程中产生的冲击和振动,刀具材料应具有足够的强度和韧性;第三,刀具材料必须具有良好的耐磨性;第四,刀具材料在高切削温度下必须保持高硬度、高强度,并具有良好的抗扩散、抗氧化的能力;第五,刀具材料必须具有尽量大的导热系数和尽量小的线膨胀系数,这样由刀具传导出去的热量多,有利于降低切削温度和延长刀具的使用寿命,并且可以减小刀具的热变形;第六,为了便于制造刀具并使刀具具有较高的性能价格比,刀具材料必须具有良好的工艺性和经济性。

6.3.2 常用刀具材料的种类、性能及应用范围

目前,常用的刀具材料可以分为三大类:工具钢类(碳素工具钢、低合金工具钢、高速工具钢)、硬质合金类和新型刀具材料类(陶瓷、金刚石、立方氮化硼等)。常用刀具材料的种类、性能及应用范围如表 6-1 所示。

表 6-1　常用刀具材料的种类、性能及应用范围

种　　类	硬度/HRC	红硬温度/℃	抗弯强度/×10³ MPa	应 用 范 围
碳素工具钢	60～64	200～250	2.5～2.8	常用于制造低速手动工具,如锉刀、手用锯条、刮刀等
低合金工具钢	60～65	350～450	2.5～2.8	常用于制造形状复杂的低速刀具,如丝锥、板牙、铰刀、拉刀等
高速工具钢	62～67	500～600	2.5～4.5	常用于制造速度较快的精加工刀具和形状复杂的刀具,如钻头、铣刀、齿轮刀具等
硬质合金类	74～82	800～1 000	0.9～2.5	一般用于制造各种形状的刀片钎焊在刀体上使用

第7章 车削加工

7.1 概述

在车床上,工件做旋转运动(主运动),刀具做平面直线或曲线运动(进给运动),完成机械零件切削加工的过程,称为车削加工。它是切削加工中最基本、最常见的加工方法,各类车床的数量约占金属切削机床总数的一半,车削加工在生产中占有重要的地位。

车削适合于加工回转体零件,其切削过程连续平稳,可以加工各种内、外回转体表面及端平面。除了金属材料外,车削还可以用于加工尼龙、橡胶、塑料、石墨等非金属材料。车削所用的刀具主要是车刀,也可以是钻头、铰刀、丝锥等。车床的种类很多,主要有卧式车床、立式车床、转塔车床、单轴自动车床、多轴半自动车床、仪表车床、仿形车床、数控车床等。车削加工的类型及加工示意图如表 7-1 所示。

表 7-1　车削加工的类型及加工示意图

类　型	加工示意图	类　型	加工示意图
车外圆		钻中心孔	
		钻孔	
车端面		镗孔	
车外圆和台阶		铰孔	
车螺纹		车锥体	
用样板刀车成形面		滚花	
车特形面		切断	

7.2 普通车床

车床的种类很多,有卧式车床、立式车床、仪表车床、单轴自动车床、多轴半自动车床、转塔车床、落地车床、仿形车床、多刀车床等。其中,应用最广泛的是卧式车床,卧式车床适用于加工各种工件。

7.2.1 卧式车床的型号

卧式车床的型号由字母和数字组成,表示机床的类型和主参数。现以 C6132A 型卧式车床为例说明其型号的含义,如图 7-1 所示。

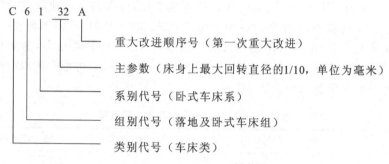

图 7-1 C6132A 型卧式车床型号的含义

7.2.2 卧式车床的组成

卧式车床的外形如图 7-2 所示,其组成部分主要有床身、变速箱、主轴箱、进给箱、溜板箱、刀架和尾座等。

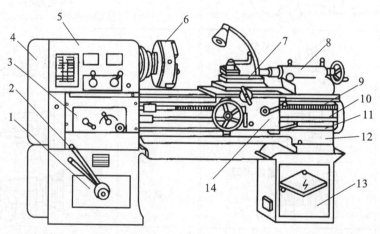

图 7-2 卧式车床的外形

1—变速箱;2—主轴变速手柄;3—进给箱;4—挂轮箱;5—主轴箱;6—三爪卡盘;7—刀架;
8—尾座;9—丝杠;10—光杠;11—操纵杆;12—床身;13—床腿;14—溜板箱

1. 床身

床身是用于支承和连接车床各个部件,并带有精密导轨的基础零件。精密导轨是溜板箱和尾座的导向装置。床身用床腿支承,并用地脚螺栓固定。

2. 变速箱

变速箱用于改变主轴的转速。变速箱内有传动轴和变速齿轮,通过操纵变速箱和主轴箱外面的变速手柄,改变齿轮或离合器的位置,可以使主轴获得 12 种不同的转速。主轴的反转是通过控制电动机的反转来实现的。

3. 主轴箱

主轴箱用于支承主轴的旋转。主轴前端的锥孔可以用来安装顶尖,主轴前端的锥面可以用来安装卡盘、拨盘等夹具,以便于装夹工件。

4. 进给箱

进给箱是传递进给运动并改变进给速度的变速机构。它通过变速手柄改变箱内变速齿轮的位置,使丝杠和光杠分别获得不同的转速,从而改变进给速度。

5. 溜板箱

溜板箱主要用来把丝杠和光杠的旋转运动转变为刀架的自动进给运动。光杠用于一般的车削加工,丝杠用于车螺纹,溜板箱内设有互锁机构,使两者不能同时使用。

6. 刀架

刀架用于装夹车刀,并使其做纵向、横向或斜向进给运动。刀架如图 7-3 所示,由以下几个部分组成。

(1)床鞍。它与溜板箱相连,可沿床身导轨做纵向移动,它的上面有横向导轨。

(2)中滑板。它可沿床鞍上的导轨做横向运动。

(3)转盘。它与中滑板用螺钉紧固,松开螺钉,转盘可在水平面内偏转任意角度。

(4)小滑板。它可沿转盘上的导轨做短距离移动。当将转盘偏转一定的角度后,可使小滑板做斜向进给运动,以便车削锥面。

(5)方刀架。它固定在小滑板上,可同时装夹四把车刀。松开锁紧手柄,即可转动方刀架,把所需要的车刀更换到工作位置上。

7. 尾座

尾座用于安装顶尖以支承工件,或用于安装钻头、铰刀等刀具进行孔的加工。尾座的结构如图 7-4 所示。尾座安装在床身导轨上,可沿床身导轨移动,以适应不同工件的加工要求。转动尾座手轮,可改变套筒的伸出长度,然后可以用套筒锁紧手柄进行固定。

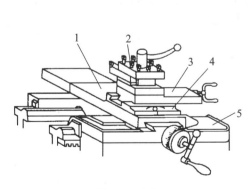

图 7-3　刀架

1—中滑板;2—方刀架;3—小滑板;4—转盘;5—床鞍

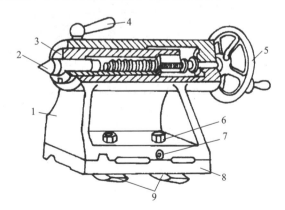

图 7-4　尾座的结构

1—尾座体;2—顶尖;3—套筒;4—套筒锁紧手柄;5—手轮;
6—固定螺钉;7—调节螺钉;8—底座;9—压板

7.2.3 卧式车床的传动系统

卧式车床的传动系统框图如图 7-5 所示。

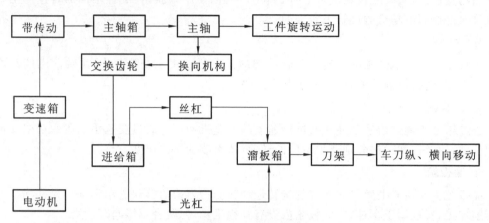

图 7-5 卧式车床的传动系统框图

这里有两条传动路线。第一条从电动机经变速箱和主轴箱使主轴旋转,这个传动系统称为主运动传动系统。电动机的转速为 1 440 r/min,通过变速箱和主轴箱内的变速机构,可使机床主轴获得 12 种不同的转速。第二条从主轴经进给箱和溜板箱使刀架移动,这个传动系统称为进给运动传动系统。进给运动传动系统从主轴开始,通过换向机构、交换齿轮、进给箱、光杠(或丝杠)传给溜板箱,使刀架做纵向、横向的进给运动。

7.2.4 卧式车床的各种手柄和基本操作练习

1. 卧式车床的各种手柄

卧式车床的各种手柄如图 7-6 所示。

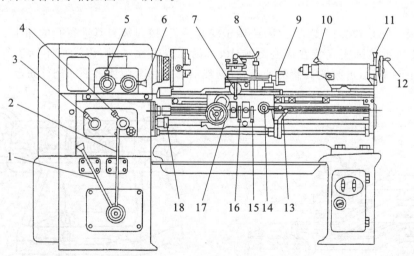

图 7-6 卧式车床的各种手柄

1,2,6—主运动变速手柄;3,4—进给运动变速手柄;5—刀架左右移动换向手柄;7—刀架横向移动手动手柄;
8—方刀架锁紧手柄;9—小滑板移动手柄;10—尾座套筒锁紧手柄;11—尾座锁紧手柄;12—尾座套筒移动手轮;
13—主轴正反转及停止手柄;14—"开合螺母"开合手柄;15—刀架横向进给自动手柄;16—刀架纵向进给自动手柄;
17—刀架纵向移动手动手轮;18—光杠、丝杠更换使用的离合器

2．卧式车床的基本操作练习

1）停机练习

进行停机练习时，主轴正反转及停止手柄 13 应在停止位置。

（1）主轴转速的变换。

通过变动变速箱和主轴箱外面的变速手柄 1、2、6 的位置，可得到各种相应的主轴转速。当手柄拨动不顺利时，可用手稍微转动卡盘。

（2）进给量的变换。

通过变动进给箱上的变速手柄 3、4 的位置，刀架可得到各种相应的进给量。

（3）刀架和溜板箱的纵、横向手动移动。

左手握刀架纵向移动手动手轮 17，右手握刀架横向移动手动手柄 7，分别按顺时针和逆时针方向旋转手轮，操纵刀架和溜板箱的移动。

（4）刀架和溜板箱的纵、横向机动进给运动。

若将刀架纵向进给自动手柄 16 提起，可实现刀架的纵向机动进给运动；若将刀架横向进给自动手柄 15 提起，可实现刀架的横向机动进给运动，两者不可同时使用。分别向下扳动手柄，则可停止纵、横向机动进给运动。

（5）尾座的操作。

转动尾座套筒移动手轮 12，可使套筒在尾座内移动；转动尾座套筒锁紧手柄 10，可将套筒固定在尾座内。尾座靠手动移动位置，转动尾座锁紧手柄 11，可将尾座固定在机床导轨上，必要时可用螺栓紧固。

2）开机练习

开机前应先检查各手柄是否处于正确位置，确保无误后再进行开机练习。

（1）主轴的转动。

电动机启动—操纵主轴转动—停止主轴转动—关闭电动机。

（2）刀架及溜板箱的纵、横向进给运动。

电动机启动—操纵主轴转动—纵向机动进给运动—手动退回—横向机动进给运动—手动退回—停止主轴转动—关闭电动机。

机床主轴旋转时，严禁变换主轴转速，否则，可能会损坏主轴箱和变速箱内的齿轮，甚至会造成机床事故。

7.3 车床附件及工件的安装

7.3.1 三爪自定心卡盘及工件的安装

三爪自定心卡盘是车床上最常用的附件，其构造如图 7-7 所示。将方头扳手插入卡盘三个方孔中的任意一个转动时，小锥齿轮带动大锥齿轮转动，背面的平面螺纹使三个卡爪同时做径向移动，从而卡紧或松开工件。由于三个卡爪同时移动，所以装夹圆形截面的工件时可自行对中，故这种卡盘称为三爪自定心卡盘，其对中精度为 0.05～0.15 mm。三爪自定心卡盘主要用来装夹截面为圆形、正六边形的中小型轴类、盘套类工件。当工件直径较大，用正爪装夹不方便时，可换上反爪进行装夹。

工件用三爪自定心卡盘装夹时必须装正夹牢，装夹长度一般不小于 10 mm。在车床工作时，工件不能有明显的摇摆、跳动，否则要重新装夹或找正。图 7-8 所示为三爪自定心卡盘装夹工件的几种形式。

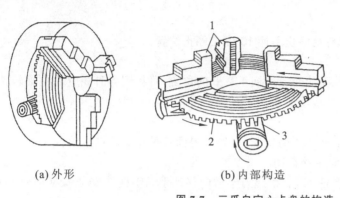

(a) 外形　　　　　　　　(b) 内部构造　　　　　　　　(c) 反爪形式

图 7-7　三爪自定心卡盘的构造

1—卡爪;2—大锥齿轮;3—小锥齿轮;4—反爪

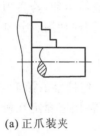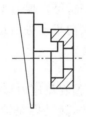

(a) 正爪装夹　　　(b) 正爪装夹,轴向定位　　　(c) 反爪装夹

图 7-8　三爪自定心卡盘装夹工件的几种形式

7.3.2　四爪单动卡盘及工件的安装

四爪单动卡盘的结构如图 7-9(a)所示。四个卡爪可独立移动,它们分别装在卡盘体的四个径向滑槽内,当扳手插入某一个方孔内转动时,就会带动卡爪做径向移动。四爪单动卡盘的夹紧力比三爪自定心卡盘大,用四爪单动卡盘装夹工件时,四个卡爪需要分别调整,所以其安装调整比较困难。四爪单动卡盘适合于装夹截面为方形、椭圆形及不规则形状的较大工件。用四爪单动卡盘装夹工件时需要仔细找正,常用的找正方法有划线盘找正[见图 7-9(b)]和百分表找正[见图 7-9(c)]。当使用百分表找正时,定位精度可达 0.01 mm。

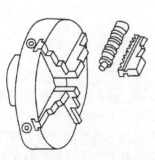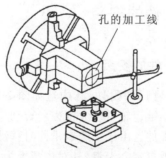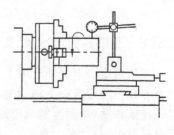

孔的加工线

(a) 四爪单动卡盘的结构　　　(b) 划线盘找正　　　(c) 百分表找正

图 7-9　四爪单动卡盘及其找正

在四爪单动卡盘上进行找正时,应注意以下事项。

(1) 工件的装夹部分不宜过长,通常为 20～30 mm。

(2) 装夹已加工表面时应包上一层薄铜皮,防止夹伤已加工表面。

（3）找正时应在床面导轨上垫一块木板，防止工件掉下砸伤导轨。

（4）找正时主轴应拨至空挡位置，以便于用手转动卡盘。

（5）装夹较重、较大或较长的工件时，应增加后顶尖起辅助支承的作用。

（6）找正夹紧后，四个卡爪的夹紧力要一致，以防在加工过程中工件产生松动。

7.3.3 用顶尖安装工件

在车床上加工较长或工序较多的轴类工件时，常使用顶尖装夹工件，如图 7-10 所示。工件装夹在前、后顶尖之间，由卡箍、拨盘带动其旋转，前顶尖装在主轴锥孔中，后顶尖装在尾座套筒中，拨盘同三爪自定心卡盘一样装在主轴端部，卡箍套在工件的端部，靠摩擦力带动工件旋转。

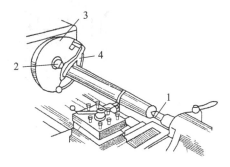

图 7-10 用前、后顶尖装夹工件

1—前顶尖；2—后顶尖；3—拨盘；4—鸡心夹头

用双顶尖装夹工件，由于两端都是锥面定位，定位精度高，因而能保证在多次装夹中所加工的各回转表面之间具有较高的同轴度。

用顶尖装夹轴类零件的一般步骤如下。

（1）车端面和钻中心孔。先用车刀将轴的两个端面车平，再用中心钻钻中心孔。常用的中心孔有 A、B 两种类型，如图 7-11 所示。A 型中心孔由 60°锥孔和里端的小圆柱孔组成，60°锥孔与顶尖的 60°锥面相配合，里端的小圆柱孔用来保证锥孔与顶尖锥面配合密切，并可储存润滑油。B 型中心孔的外端比 A 型中心孔多一个 120°的锥面，用来保证 60°锥孔的外缘不被碰坏，同时也便于在顶尖处精车轴的端面。此外，还有带螺孔的 C 型中心孔，当需要将其他零件轴向固定在轴上时，可采用这种类型的中心孔。

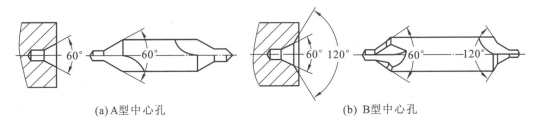

(a) A型中心孔   (b) B型中心孔

图 7-11 常用的两种中心孔

（2）顶尖的选用。常用的顶尖有死顶尖和活顶尖两种，如图 7-12 所示。车床上的前顶尖装在主轴锥孔内随主轴及工件一起旋转，与工件没有相对运动，采用死顶尖。后顶尖可采用活顶尖或死顶尖，活顶尖能与工件一起旋转，不存在顶尖与工件中心孔摩擦发热的问题，但活顶尖的定位精度没有死顶尖高，因此活顶尖一般用于粗加工或半精加工。轴的精度要求比较高时，应采用死顶尖，但由于工件在死顶尖上旋转，所以要合理选用切削速度。

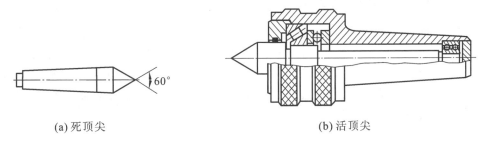

(a) 死顶尖   (b) 活顶尖

图 7-12 死顶尖和活顶尖

（3）工件的装夹。工件靠主轴箱的一端应装上卡箍。顶尖与工件的配合应当松紧适当,太松会使工件定心不准,甚至会使工件飞出,太紧会增加工件与后顶尖的摩擦,并可能将细长工件顶弯。当加工温度升高时,应将后顶尖稍微松开一些。装夹过程如图 7-13 所示。

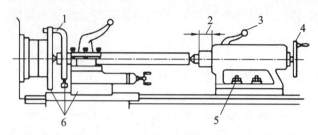

图 7-13　装夹过程

1—拧紧卡箍;2—调整套筒的伸出长度;3—锁紧套筒;4—调节工件与顶尖的松紧程度;

5—将尾座固定;6—将刀架移至车削行程的左端,用手转动拨盘,检查是否会发生碰撞

7.3.4　工件安装的其他方法

1. 用一夹一顶的方法安装工件

用两个顶尖安装工件虽然精度高,但刚性较差。对于较重的工件,如果采用两个顶尖安装会很不稳固,难以提高切削效率,因此在加工中常采用一端用卡盘夹住,另一端用顶尖顶住的装夹方法。为了防止工件由于切削力的作用而产生位移,一般会在卡盘内装一个限位支承装置,或者利用工件的台阶进行限位。这种装夹方法比较安全,能承受较大的轴向切削力,刚性好,轴向定位比较准确,因此,车削轴类零件时常采用这种装夹方法。采用这种装夹方法时要注意,卡爪夹紧处的长度不宜太长,否则容易扭弯工件。

2. 用心轴安装工件

盘套类零件的外圆、内孔往往有同轴度要求,与端面有垂直度要求,保证这些形位公差的最好的加工方法就是一次装夹全部加工完,但在这在实际生产中往往难以做到。这种情况下,一般先加工出内孔,以内孔为定位基准,将零件安装在心轴(也称胎模)上,再把心轴安装在前、后顶尖之间来加工外圆和端面,这样可以保证外圆轴线和内孔轴线的同轴度要求。

根据工件形状精度和尺寸精度的要求,以及加工数量的不同,应采用不同结构的心轴。一般,对于带有圆柱孔的工件的定位,常采用圆柱心轴和小锥度心轴;对于带有锥孔、螺纹孔、花键孔的工件的定位,常采用相应的锥体心轴、螺纹心轴和花键心轴。

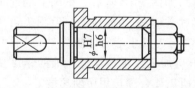

图 7-14　零件在圆柱心轴上的定位

圆柱心轴是以其外圆柱面定心、端面压紧来装夹工件的,如图 7-14 所示。心轴与工件孔一般用 H7/h6、H7/g6 的间隙配合,工件能很方便地套在心轴上,但由于间隙较大,一般只能保证同轴度在 0.02 mm 左右。圆柱心轴适用于较大直径的盘套类零件粗加工的装夹。

为了消除间隙,提高心轴的定位精度,心轴可以做成锥体,但锥体的锥度应当很小,否则工件在心轴上会产生歪斜,如图 7-15(a)所示。心轴常用的锥度 C 一般为 1/5 000~1/1 000,定位时工件楔紧在心轴上,楔紧后孔会产生弹性变形,使工件不会歪斜,如图 7-15(b)所示。小锥度心轴的优点是不需要其他夹紧装置,且定位精度高,可达 0.005~0.01 mm,其缺点是工件的轴向无法定位。小锥度心轴适用于车削力不大的精加工的装夹。

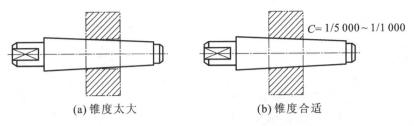

$C = 1/5\ 000 \sim 1/1\ 000$

(a) 锥度太大　　　　　　　　(b) 锥度合适

图 7-15　用圆锥心轴安装工件的接触情况

3. 用花盘和弯板安装工件

车削形状不规则，无法使用卡盘装夹的零件时，或者要求内孔面、外圆面与安装面有垂直度要求时，可以用花盘装夹。

花盘是安装在车床主轴上的一个大圆盘，盘面上有许多螺栓槽用以安装螺栓，工件可以用螺栓和压板直接安装在花盘上，如图 7-16 所示。另外，也可以将弯板用螺栓牢固地安装在花盘上，工件则安装在弯板上，如图 7-17 所示。用花盘和弯板安装工件时，找正比较费时。同时，要用平衡铁平衡工件和弯板，以防止旋转时产生振动。

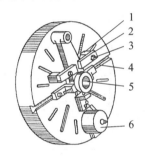

图 7-16　用花盘安装工件

1—垫铁；2—压板；3—螺栓；4—螺栓槽；5—工件；6—平衡铁

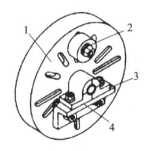

图 7-17　用花盘和弯板安装工件

1—花盘；2—平衡铁；3—工件；4—弯板

4. 用中心架和跟刀架支承车细长轴

当工件的长度与直径之比大于 25 时，由于工件本身的刚性差，加工过程中工件受横向切削力、离心力等因素的影响，容易产生弯曲、振动，严重影响圆柱度和表面粗糙度。在切削过程中，工件受热伸长产生弯曲变形，严重时会使工件在顶尖间卡住。因此，必须采用跟刀架或中心架作为附加支承装置。

1）用中心架支承车细长轴

在车细长轴时，一般用中心架来增加工件的刚性。当工件可以进行分段切削时，中心架安装在工件中部，如图 7-18 所示。在工件上安装中心架之前，必须在毛坯中部车出一段沟槽用于支承中心架的支承爪，其表面粗糙度及圆柱度的偏差要小，并且需要在支承爪与工件接触处经常加润滑油。为了提高工件精度，车削前应将工件轴线调整到与机床主轴的回转中心重合。当车削沟槽比较困难或车削一些中段不需要加工的细长轴时，可用过渡套筒，使支承爪与过渡套筒的外表面接触。过渡套筒的两端各装有四个螺钉，用这些螺钉夹住毛坯表面，并进行调整使套筒外圆的轴线与主轴的回转中心重合。

2）用跟刀架支承车细长轴

对于不适宜调头车削的细长轴，不能用中心架支承，而要用跟刀架支承进行车削，以增加工件的刚性，如图 7-19 所示。跟刀架固定在床鞍上，跟刀架可以跟随车刀移动，抵消径向切削力，提高车削细长轴的形状精度，并减小表面粗糙度。

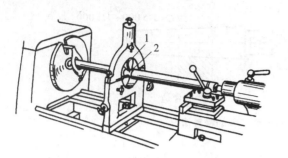
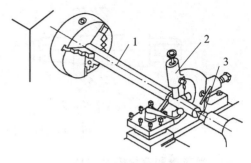

图 7-18　用中心架支承车细长轴
1—可调节支承爪；2—预先车出的外圆面

图 7-19　跟刀架的应用
1—工件；2—跟刀架；3—后顶尖

图 7-20(a)所示为两爪跟刀架。采用两爪跟刀架时，车刀对工件的切削抗力使工件贴在跟刀架的两个支承爪上，但由于工件本身的重力及偶然的弯曲，车削时工件会瞬时离开和接触支承爪，因而产生振动。比较理想的跟刀架是三爪跟刀架[见图 7-20(b)]。采用三爪跟刀架时，由三个支承爪和车刀抵住工件，使其上下、左右都不能移动，车削时工件就比较稳定，不易产生振动。

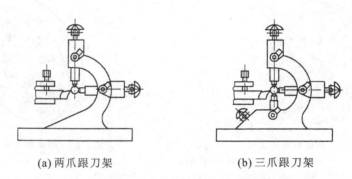

(a) 两爪跟刀架　　　　　(b) 三爪跟刀架

图 7-20　用跟刀架支承车细长轴

7.4　车刀的刃磨及安装

7.4.1　车刀的刃磨

未经使用的新车刀或用钝后的车刀需要进行刃磨，得到所需的锋利刀刃后才能进行车削。车刀的刃磨一般在砂轮机上进行，也可以在工具磨床上进行。刃磨高速钢车刀时应选用白色的氧化铝砂轮，刃磨硬质合金车刀时应选用绿色的碳化硅砂轮。车刀刃磨的步骤如图 7-21 所示，详述如下。

（1）磨主后刀面。磨出车刀的主偏角和主后角。

（2）磨副后刀面。磨出车刀的副偏角和副后角。

（3）磨前刀面。磨出车刀的前角及刃倾角。

（4）磨刀尖圆弧。在主、副切削刃之间磨刀尖圆弧。

经过刃磨的车刀，可用油石加少量机油对切削刃进行研磨，这样可以提高刀具的耐用度和加工工件的表面质量。

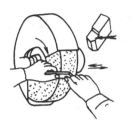

| (a) 磨主后刀面 | (b) 磨副后刀面 | (c) 磨前刀面 | (d) 磨刀尖圆弧 |

图 7-21　车刀刃磨的步骤

刃磨车刀时应注意以下几个方面。

（1）启动砂轮机刃磨车刀时，磨刀者应站在砂轮侧面，以防砂轮破碎伤人。

（2）刃磨时，两手握稳车刀，刀具轻轻接触砂轮，接触过猛会导致砂轮碎裂或因手拿车刀不稳而使车刀飞出。

（3）被刃磨的车刀应在砂轮圆周上左右移动，使砂轮刃磨均匀，不出现沟槽，同时应避免在砂轮侧面用力粗磨车刀。

（4）刃磨高速钢车刀时，发热后应将刀具置于水中冷却，以防车刀软化，而刃磨硬质合金车刀时则不能沾水，以免产生裂纹。

7.4.2　车刀的安装

车刀使用时必须正确安装，如图 7-22(a)所示，基本要求如下。

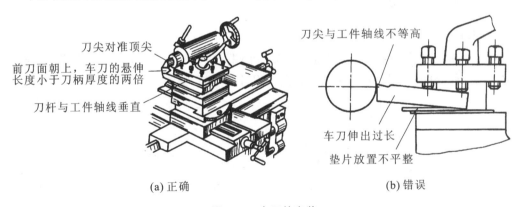

图 7-22　车刀的安装

（a）正确　　　　　　　　　（b）错误

（1）车刀刀尖应与工件轴线等高，可根据尾架顶尖的高度来进行调整。

（2）车刀刀杆应与工件轴线垂直，否则会改变主偏角和副偏角的大小。

（3）车刀的悬伸长度一般不超过刀柄厚度的两倍，否则刀具的刚性会下降，车削时容易产生振动。

（4）垫片要放置平整，并与刀架对齐，垫片一般使用 2~3 片，太多会降低刀柄与刀架的接触刚度。

（5）螺钉要交替拧紧。

（6）车刀安装好后，应检查车刀运动到加工的极限位置时，是否会产生运动干涉或碰撞。方法是在加工前手动移动床鞍，使车刀处于加工的极限位置进行检查。

7.5 车削加工的基本类型

7.5.1 车外圆

将工件车削成圆柱形外表面的方法称为车外圆。车外圆是车削加工中最基本、最常见的工序。外圆车削的几种情况如图 7-23 所示。

左刃直头外圆车刀主要用于粗车外圆和没有台阶或台阶不大的外圆。弯头车刀主要用于车端面、倒角的外圆。偏刀常用来车削有垂直台阶的外圆。

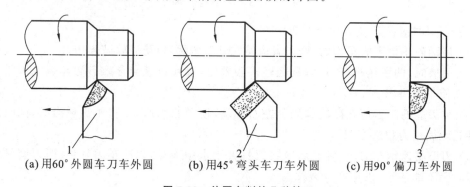

(a) 用60°外圆车刀车外圆　　(b) 用45°弯头车刀车外圆　　(c) 用90°偏刀车外圆

图 7-23　外圆车削的几种情况

1—左刃直头外圆车刀;2—弯头车刀;3—偏刀

7.5.2 车端面和台阶

1. 车端面

对工件端面进行车削的方法称为车端面。车端面应用端面车刀,开动车床使工件旋转,移动床鞍(或小滑板)控制切深,中滑板横向走刀进行车削,如图 7-24 所示。

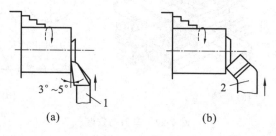

(a)　　　　　　　(b)

图 7-24　车端面

1—偏刀;2—弯头车刀

车端面时要注意以下几点。

(1) 刀尖要对准工件中心,以免车出的端面上留下小凸台。

(2) 因为端面从边缘到中心的直径是变化的,故切削速度也在变化,不易车出较高的表面粗糙度,因此工件转速可比车外圆时高一些,最后一刀可由中心向外进给。

(3) 若端面不平整,应检查车刀和方刀架是否锁紧。为了使车刀准确地横向进给而无纵向移动,应将床鞍锁紧在床面上,用小滑板调整切深。

2. 车台阶

台阶是有一定长度的圆柱面和端面的组合,很多轴、盘套类零件上都有台阶,台阶的高度由相邻两段圆柱体的直径决定。如图 7-25 所示,高度小于 5 mm 的为低台阶,加工时可用主偏角为 90°的偏刀在车外圆时一次走刀同时车出;高度大于 5 mm 的为高台阶,车高台阶时应多次走刀分层进行车削。台阶长度的控制与测量方法如图 7-26 所示。

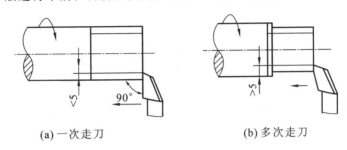

(a)一次走刀　　　　　　　　　　(b)多次走刀

图 7-25　车台阶

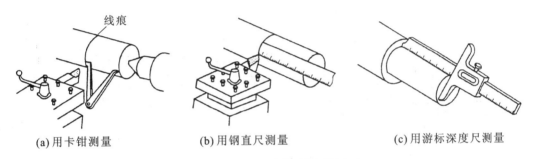

(a)用卡钳测量　　　　　(b)用钢直尺测量　　　　　(c)用游标深度尺测量

图 7-26　台阶长度的控制与测量方法

7.5.3　车槽与切断

1. 车槽

在工件表面上车削出沟槽的方法称为车槽,如图 7-27 所示。轴上的外槽和孔的内槽多属于退刀槽或越程槽,其作用是车削螺纹时便于退刀或磨削时便于砂轮越程,往轴上或孔内装配其他零件时,也可以便于确定轴向位置。端面槽的主要作用是减轻质量。有些槽用于安装弹性挡圈或密封圈等。车槽使用车槽刀,车槽和车端面很相似,如同将左、右偏刀并在一起同时车左、右两个端面。

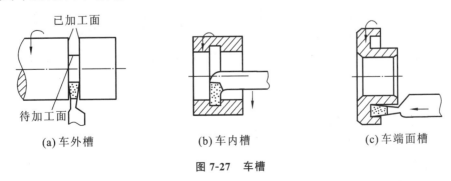

(a)车外槽　　　　　　(b)车内槽　　　　　　(c)车端面槽

图 7-27　车槽

车削宽度为 5 mm 以下的窄槽时,可采用主切削刃尺寸与槽宽相等的车槽刀一次车出;

车削宽度大于 5 mm 的宽槽时,一般采用分段横向粗车,最后一次横向切削后,再进行纵向精车的方法,如图 7-28 所示。当工件上有几个同一类型的槽时,槽宽应一致,以便用同一把刀具进行车削,提高生产效率。

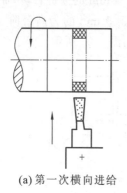 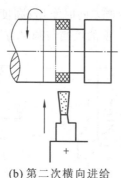 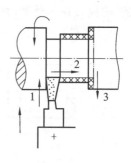

(a) 第一次横向进给　　　(b) 第二次横向进给　　　(c) 最后一次进给

图 7-28　车宽槽

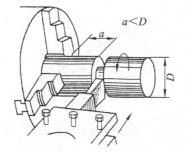

图 7-29　切断

2．切断

切断是指将坯料或工件从夹持端上分离下来,如图 7-29 所示。切断主要用于圆棒料。采用切断的方法,可以按尺寸要求下料或把加工完毕的工件从坯料上切下来。常用的切断方法有直进法和左右借刀法两种。

切断要选用切断刀,切断刀的形状与车槽刀相似,只是刀头更加窄长,所以刚性更差,容易折断。切断时应注意以下几点。

（1）切断时,刀尖必须与工件等高,否则切断处将会留下凸台,容易损坏刀具。

（2）切断处应靠近卡盘,以增加工件的刚性,减小切削时的振动。

（3）切断刀不宜伸出过长,以增强刀具的刚性。

（4）切断时,切削速度要慢,采用缓慢、均匀的手动进给方式,且即将切断时必须减小进给速度,以免刀头折断。

（5）切断钢件时应适当使用切削液,以加快切断过程中的散热。

7.5.4　车圆锥面

在各种机械结构中,广泛存在圆锥体和圆锥孔的配合,如顶尖与被支承工件中心孔的配合、锥销与锥孔的配合等。圆锥面配合紧密,装拆方便,经多次拆卸后仍能保证有较高的定心精度。车圆锥面常用的方法有宽刀法、转动小滑板法、偏移尾座法、靠模法和数控法等。

1．宽刀法

宽刀法是靠刀具的刃形（角度及长度）横向进给切出所需圆锥面的方法,如图 7-30 所示。采用宽刀法时,径向切削力大,容易引起振动,宽刀法适合于加工刚性好、锥面长度短的圆锥面。

2．转动小滑板法

转动小滑板法如图 7-31 所示,松开固定小滑板的螺母,使小滑板随转盘转动半锥角 α,然后紧固螺母。车削时,转动小滑板手柄,即可加工出所需的圆锥面。这种方法简单,不受锥度大小的限制,但由于受小滑板行程的限制,不能加工较长的圆锥面,表面粗糙度受操作技术水平的影响,且采用手动的方式进给,劳动强度大。

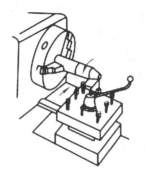

图 7-30　宽刀法

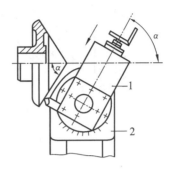

图 7-31　转动小滑板法
1—小滑板;2—中滑板

3. 偏移尾座法

偏移尾座法是将工件安装在前、后顶尖之间,松开尾座底板的紧固螺母,将其横向移动距离 A,使工件轴线与主轴轴线的交角等于圆锥面的半锥角 α,如图 7-32 所示。尾座偏移量 A 按下式计算:

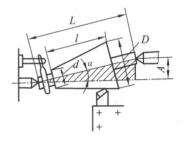

$$A = L\sin\alpha \tag{7-1}$$

当 α 很小时,采用下列公式

$$A = L\tan\alpha = L(D-d)/2l \tag{7-2}$$

图 7-32　偏移尾座法

式中:α——半锥角,度;

　　　L——前、后顶尖的距离,mm;

　　　l——加工圆锥的长度,mm;

　　　D——圆锥大端的直径,mm;

　　　d——圆锥小端的直径,mm。

为了解决工件轴线偏移后中心孔与顶尖接触不良的问题,应采用球形顶尖。偏移尾座法能车削较长的圆锥面,并且能自动走刀,但因受到尾座偏移量的限制,只能加工小锥角($<$ 8°)的圆锥面。

7.5.5　车螺纹

1. 螺纹的基本要素

在圆柱表面上沿着螺旋线形成的具有相同剖面的连续凸起和沟槽称为螺纹。在各种机械中,带有螺纹的零件很多。常用的螺纹按用途可分为连接螺纹和传动螺纹两类,前者起连接作用(如螺栓),后者用于传递运动和动力(如丝杠);按牙型可分为三角形螺纹、梯形螺纹等;按标准可分为米制螺纹和英制螺纹两种。米制三角形螺纹的牙型角为 60°,用螺距或导程来表示其主要规格;英制三角形螺纹的牙型角为 55°,用每英寸牙数表示其主要规格。每种螺纹有左旋、右旋和单线、多线之分,其中,米制三角形螺纹的应用最广。米制三角形螺纹又称为普通螺纹。普通螺纹的基本要素如图 7-33 所示。

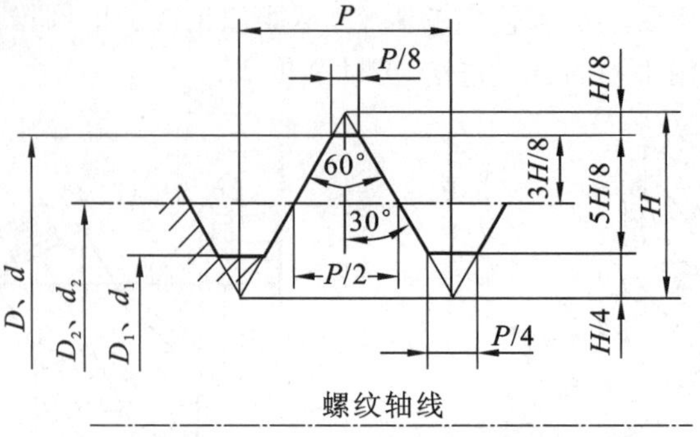

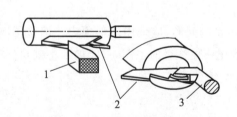

图 7-33　普通螺纹的基本要素

D_2、d_2—中径；P—螺距；D_1、d_1—小径；D、d—大径；H—原始三角形高度

大径、螺距、中径、牙型角是最基本的要素。内、外螺纹只有当这几个参数一致时才能配合好，它们是车螺纹时必须控制的要素。车螺纹时，为了获得准确的螺距，必须用丝杠带动刀架进给，使工件每旋转一周，刀具移动的距离等于工件的螺距，经过螺纹车刀的多次横向进给，走刀后完成整个加工过程。

1）牙型

为了使车出的螺纹形状准确，必须使车刀刀刃部分的形状与螺纹的轴向截面形状相吻合，即牙型角要等于刀尖角。安装刀具时，精加工的刀具一般前角为零，前刀面应与工件轴线共面；粗加工时可有一个较小的前角，以利于切削。另外，牙型角的角平分线应与工件轴线垂直，一般用对刀样板校正，如图 7-34 所示。

螺纹的牙型是经过多次走刀形成的。车螺纹的进给方式主要有三种：第一种是直进法，如图 7-35（a）所示，用中滑板垂直进刀，两个切削刃同时进行切削，这种方法适用于小螺距螺纹的车削；第二种是左右切削法，如图 7-35（b）所示，除了用中滑板垂直进刀外，还用小滑板使车刀左、右微量进刀，只有一个刀刃切削，因此车削比较平衡，但操作比较复杂，这种方法适用于塑性材料和大螺距螺纹的粗车；第三种是斜进法，如图 7-35（c）所示，除了用中滑板垂直进刀外，还用小滑板使车刀向一个方向微量进刀。

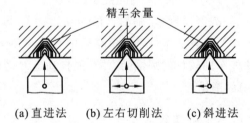

图 7-34　用对刀样板校正

1—外螺纹车刀；2—对刀样板；3—内螺纹车刀

图 7-35　车螺纹的进给方式

2）直径

螺纹的直径是靠控制背吃刀量来保证尺寸精度的。

对于内螺纹：小径为 $D_1 = D - 1.082P$；中径为 $D_2 = D - 0.749\,5P$。

对于外螺纹：小径为 $d_1 = d - 1.082P$；中径为 $d_2 = d - 0.749\,5P$。

3）导程和螺距

对于圆柱螺纹，导程是同一条螺旋线上相邻两牙在中径线上对应两点之间的轴向距离；螺距是相邻两牙在中径线上对应两点之间的轴向距离。对于单线普通螺纹，螺距即为导程。车螺纹时，工件每旋转一周，刀具移动的距离应等于工件的螺距。

车削前,根据工件的螺距,检查车床上的进给量表,然后调整进给箱上的手柄(车标准螺距的螺纹)或更换配换齿轮(车特殊螺距的螺纹),即可改变丝杠的转速,从而车削出不同螺距的螺纹。在车床上能用米制螺纹传动链车削普通螺纹,用英制螺纹传动链车削管螺纹和英制螺纹,用模数螺纹传动链车削米制蜗杆,用径节螺纹传动链车削英制蜗杆。

4) 线数

由一条螺旋线形成的螺纹称为单线螺纹,由两条或两条以上的螺旋线形成的螺纹称为多线螺纹。图 7-36(a)所示为单线螺纹,图 7-36(b)所示为双线螺纹。当多线螺纹的线数为 n 时,导程、螺距的关系为:导程＝螺距×n。加工多线螺纹时,当车好一条螺旋线上的螺纹后,将螺纹车刀退回到车削的起点位置,将百分表靠在刀架上,利用小滑板将车刀沿进给方向移动一个螺距,再车另一条螺旋线上的螺纹。

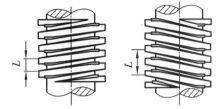

(a) 单线右旋螺纹　　(b) 双线左旋螺纹

图 7-36　螺纹的线数和旋向

5) 旋向

图 7-36(a)所示为右旋螺纹,图 7-36(b)所示为左旋螺纹。螺纹的旋向常用以下方法来判断:用四指的弯曲方向表示螺旋线的转动方向,大拇指的方向表示螺旋线沿自身轴线移动的方向,若四指和大拇指的方向与右(左)手相吻合,则称为右(左)旋。螺纹的旋向可通过改变螺纹车刀的进给方向来实现,向左进给为右旋,向右进给为左旋。

2. 车螺纹的操作过程

这里主要介绍普通螺纹的车削加工,加工时要选用车床的最低转速,车螺纹的操作过程如图 7-37 所示。车螺纹时,要选择好切削用量,一般,粗车时,切削速度为 13～18 m/min,每次背吃刀量为 0.15 mm 左右,计算好进给次数,留精车余量 0.2 mm 左右;精车时,切削速度为 5～10 m/min,每次背吃刀量为 0.02～0.05 mm。车螺纹时,要不断地用切削液冷却、润滑工件。加工完一个工件后,要及时清除刀具内的切屑。

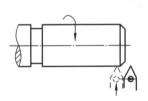

(a) 开车,使车刀与工件轻微接触,记下刻度盘读数,向右退出车刀

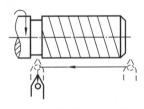

(b) 合上对开螺母,在工件表面上车出一条螺旋线,横向退出车刀,停车

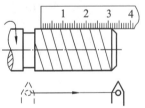

(c) 开反车使车刀退到工件右端,停车,用金属直尺检查螺距是否正确

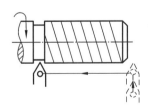

(d) 利用刻度盘调整切深,开车切削

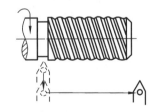

(e) 车刀将进至行程终了时,应做好退刀停车准备,先快速退出车刀,然后停车,开反车退回刀架

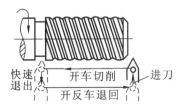

(f) 继续切削,切削过程的路线如图所示

图 7-37　车螺纹的操作过程

3. 螺纹的测量

螺纹的测量主要是测量螺距、牙型角和中径。螺距是靠车床的运动关系来保证的,可用金属直尺测量;牙型角是靠车刀的刀尖角及正确的安装方式来保证的,可用螺纹样板测量,如图 7-38 所示。螺纹的中径可用螺纹千分尺测量,如图 7-39 所示。

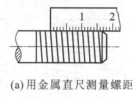

(a)用金属直尺测量螺距

螺纹样板

(b)用螺纹样板测量牙型角

图 7-38　螺距和牙型角的测量

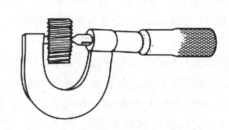

图 7-39　螺纹中径的测量

成批大量生产时,常用螺纹量规进行综合测量,外螺纹的测量用环规,内螺纹的测量用塞规,如图 7-40 所示。

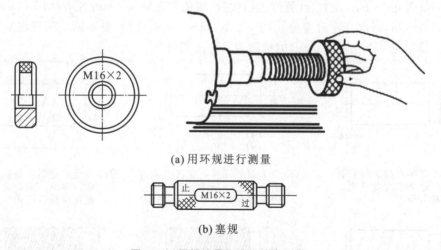

M16×2

(a)用环规进行测量

止 M16×2 过

(b)塞规

图 7-40　用螺纹量规进行综合测量

7.5.6　车成形面

有些零件,如手柄、手轮等,为了使用方便、美观、耐用,它们的表面不是平直的,而是做成母线为曲线的回转表面,这些表面称为成形面。成形面的车削方法主要有以下几种。

1. 手动法

手动法是指用双手同时操纵中滑板和小滑板纵、横向移动刀架,或者一个方向自动进给,另一个方向手动控制,使刀尖的运动轨迹与工件成形面母线的轨迹一致。双手控制法车成形面如图 7-41 所示。车削过程中要经常用成形样板检验,通过反复加工、检验、修正,最后形成所要加工的成形面。手动法加工简单方便,但对操作者的技术水平要求高,而且生产效率低、加工精度低,一般用于单件小批量生产。

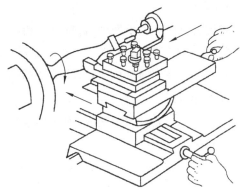

图 7-41　双手控制法车成形面

2. 成形车刀法和靠模法

成形车刀法和靠模法分别与圆锥面加工中的宽刀法和靠模法类似,只是要分别将主切削刃、靠模板制成所需回转成形面的母线的形状。

3. 数控法

数控法是按工件轴向剖面的成形母线轨迹编制数控程序后输入数控车床而加工出成形面的方法。用数控法加工成形面,成形面的形状可以很复杂,且质量好,生产效率也高。

7.5.7　钻孔和镗孔

在车床上可以用钻头、镗刀、扩孔钻头、铰刀分别进行钻孔、镗孔、扩孔和铰孔等操作。下面介绍钻孔和镗孔的方法。

1. 钻孔

在实体材料上用钻头进行孔加工的方法称为钻孔。钻孔的刀具为麻花钻,钻孔的公差等级为 IT10 以下,表面粗糙度为 12.5 μm,钻孔多用于孔的粗加工。

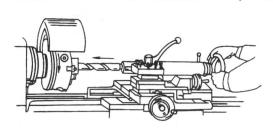

图 7-42　在车床上钻孔

在车床上钻孔如图 7-42 所示,将工件装夹在卡盘上,钻头安装在套筒的锥孔内。钻孔前,先车平端面并车出一个中心孔或先用中心钻钻出一个中心孔。钻孔时,转动手轮使钻头缓慢进给。在钻孔过程中,要注意以下几点。

（1）要经常退出钻头进行排屑。

（2）钻头进给不能过猛,以免折断钻头。

（3）钻钢料时应加切削液。

2. 镗孔

在车床上对工件上的孔进行车削的方法称为镗孔(又称为车孔)。镗孔既可以用于粗加工,也可以用于精加工。镗孔分为镗通孔和镗不通孔,通孔镗刀的主偏角为 45°～75°,不通孔镗刀的主偏角大于 90°。镗通孔基本上与车外圆相同,只是进刀和退刀方向相反。

7.5.8　滚花

一些工具和机器零件的手握部分,为了便于握持,防止打滑,同时使造型美观,常在表面上滚压出各种不同的花纹。这些花纹可在车床上用滚花刀滚压而成。

1. 花纹

花纹有直纹和网纹两种，每种又有粗纹、中纹和细纹之分。花纹的粗细取决于节距 t，即花纹间距，t 为 1.7 mm 和 1.2 mm 的是粗纹，t 为 0.8 mm 的是中纹，t 为 0.7 mm 的是细纹。工件直径或宽度大时选粗纹，反之则选细纹。

2. 滚花刀

滚花刀由滚轮与刀体组成，滚轮的直径为 20～25 mm。滚花刀有单轮滚花刀、双轮滚花刀和六轮滚花刀三种（见图 7-43）。单轮滚花刀用于滚压直纹；双轮滚花刀有一个左旋滚轮和一个右旋滚轮，用于滚压网纹；六轮滚花刀是在同一个刀体上装有三对粗细不等的斜纹轮，使用时可以根据需要选用合适的节距。

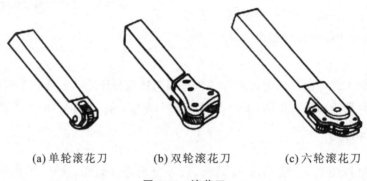

(a) 单轮滚花刀　　　　(b) 双轮滚花刀　　　　(c) 六轮滚花刀

图 7-43　滚花刀

3. 滚花方法

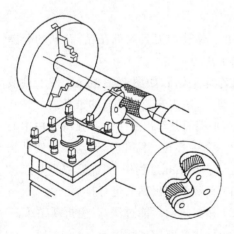

图 7-44　滚花加工

由于滚花后工件的直径大于滚花前的直径，其增大值为 $(0.25～0.5)t$，所以滚花前需要根据工件材料的性质把工件待滚花部分的直径车小。把滚花刀安装在车床方刀架上，使滚轮圆周的表面与工件平行接触（见图 7-44）。滚花时，工件低速旋转，滚花刀径向挤压后再做纵向进给运动。来回滚压几次，直到花纹的凸出高度符合要求。工件表面因受滚花刀挤压产生塑性变形而形成花纹，因此，滚花时的径向压力很大。为了减小开始时的径向压力，可以先只让滚轮宽度的一半接触工件表面，或者安装滚花刀时使滚轮圆周表面略倾斜于工件表面，这样比较容易切入。为了防止损坏滚花刀和由于细屑堵塞在滚花刀的齿隙内而影响花纹的清晰程度，滚压过程中应充分加注切削液。

4. 乱纹及其防止方法

滚花时操作不当很容易产生乱纹，其原因包括以下几个方面。

(1) 工件外圆周长不能被节距 t 整除。

(2) 滚花刀刀齿磨损或齿隙被细屑堵塞。

(3) 工件的转速太高，滚轮与工件表面产生滑动。

(4) 滚花开始时，径向压力不足，或者滚轮与工件的接触面积太大。

针对以上原因,可采取以下措施防止乱纹。

(1) 把工件外圆略微车小。

(2) 更换或清洁滚花刀。

(3) 降低工件的转速。

(4) 滚花开始时,使用较大的径向压力,或者把滚花刀装偏一个很小的角度。

第 8 章　铣削、刨削加工

8.1　铣削概述

8.1.1　铣削加工的特点

1. 铣削质量

由于铣削时容易产生振动,切削不平稳,使铣削质量的提高受到了一定的限制。铣削加工的精度一般为 IT7 至 IT9,表面粗糙度为 $1.6 \sim 6.3 \ \mu m$。

2. 铣削加工的生产效率

铣刀是多刃刀具,有几个刀齿同时参与切削,可采用较大的切削用量,且切削运动连续,故生产效率较高。

3. 铣削加工的成本

由于铣床、铣刀比刨床、刨刀复杂,因此铣削的成本比刨削高。

铣削既适用于单件小批量生产,也适用于大批量生产。

8.1.2　铣削加工的应用范围

铣削加工广泛应用于机械制造及修理,采用铣削方式可以加工平面(水平面、垂直面、斜面等)、圆弧面、台阶、沟槽(键槽、T 形槽、V 形槽、燕尾槽、螺旋槽等)、成形面、齿轮等。铣削加工的应用范围如图 8-1 所示。

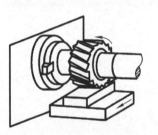
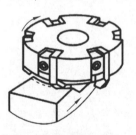

(a) 用圆柱铣刀铣平面　　　　(b) 用端铣刀铣平面　　　　(c) 用三面刃铣刀铣直角槽

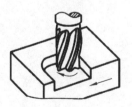

(d) 用套式铣刀铣台阶　　　　(e) 用立铣刀铣凹平面　　　　(f) 用锯片铣刀切断

图 8-1　铣削加工的应用范围

(g) 用凸半圆铣刀铣凹圆弧面　　(h) 用凹半圆铣刀铣凸圆弧面　　(i) 用齿轮铣刀铣齿轮

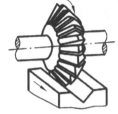

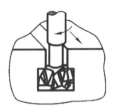

(j) 用角度铣刀铣V形槽　　(k) 用燕尾槽铣刀铣燕尾槽　　(l) 用T形槽铣刀铣T形槽

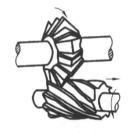

(m) 用键槽铣刀铣键槽　　(n) 用半圆键槽铣刀铣半圆键槽　　(o) 用角度铣刀铣螺旋槽

续图 8-1

 ## 8.2　铣床

　　铣床有很多种,最常见的是卧式铣床和立式铣床。两者的主要区别是前者的主轴水平设置,后者的主轴竖直设置。

8.2.1　卧式铣床

　　卧式铣床如图 8-2 所示。卧式铣床的主要组成部分和作用介绍如下。

1. 床身

　　床身是铣床的主体,支承并连接各部件。顶部的水平导轨用来支承横梁,前侧的导轨供升降台移动之用。在床身内装有主轴、主运动变速系统及润滑系统。

2. 横梁

　　横梁可在床身顶部的导轨上前后移动,吊架安装于其上,用来支承铣刀杆。

3. 主轴

　　主轴是空心的,前端有锥孔和端面键,用来安装铣刀杆和刀具进行切削工作。

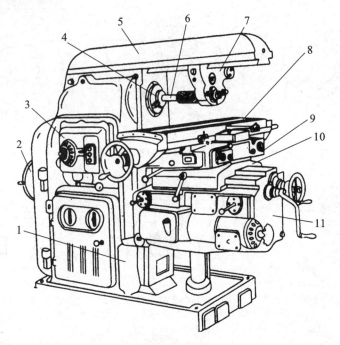

图 8-2 卧式铣床

1—床身底座;2—电动机;3—主轴变速机构;4—主轴;5—横梁;6—铣刀杆;
7—吊架;8—纵向工作台;9—转台;10—横向工作台;11—升降台

4. 转台

转台位于纵向工作台和横溜板之间,下面用螺钉与横溜板相连,松开螺钉可使转台带动纵向工作台在水平面内回转一定角度(左右最大可转过 45°)。

5. 纵向工作台

纵向工作台由纵向丝杠带动在转台的导轨上做纵向运动,以带动台面上的工件做纵向运动。台面上的 T 形槽用来安装夹具或工件。

6. 横向工作台

横向工作台位于升降台上面的水平导轨上,可带动其上面的纵向工作台一起做横向进给运动。

7. 升降台

升降台支承着工作台,可沿床身导轨垂直移动,调整工作台和铣刀的距离。

卧式铣床的主运动是主轴带动铣刀做旋转运动,进给运动是工作台带动安装于其上的工件做直线运动。

一般,卧式铣床可将横梁移至床身后面,在主轴端部装上立铣头进行立铣加工。

8.2.2　立式铣床

立式铣床有很多地方与卧式铣床相似,不同的是立式铣床的床身顶部没有导轨,也没有横梁,其前上部是一个立铣头,用来安装主轴和铣刀。通常,立式铣床在床身与立铣头之间还有转盘,可使主轴倾斜一定的角度,用于铣削斜面。立式铣床如图 8-3 所示。

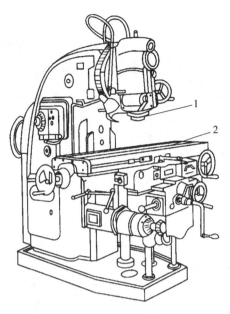

图 8-3　立式铣床

1—主轴；2—工作台

 8.3 铣刀及其安装

8.3.1　铣刀的种类

铣刀的种类很多，根据其结构和安装方法的不同，铣刀可以分为两大类：带柄铣刀和带孔铣刀。

1. 带柄铣刀

带柄铣刀有直柄铣刀和锥柄铣刀之分。一般，直径较小的铣刀做成直柄，直径较大的铣刀做成锥柄。带柄铣刀多用于立铣加工。

2. 带孔铣刀

带孔铣刀适用于在卧式铣床上进行加工，能加工各种表面，应用范围较广。

8.3.2　铣刀的安装

1. 带柄铣刀的安装

1）直柄铣刀的安装

直柄铣刀常用弹簧夹头来安装，如图 8-4（a）所示。安装时，拧紧螺母，使弹簧套径向收缩而将铣刀的柄夹紧。

2）锥柄铣刀的安装

当铣刀锥柄的尺寸与主轴端部的锥孔相同时，可直接将锥柄装入锥孔，并用拉杆拉紧。当铣刀锥柄的尺寸小于主轴端部的锥孔时，要用过渡锥套进行安装，如图 8-4（b）所示。

2. 带孔铣刀的安装

如图 8-5 所示，带孔铣刀要用铣刀杆来安装。安装时，先将铣刀杆锥体一端插入主轴锥孔内，用拉杆拉紧，然后通过套筒调整铣刀的位置，铣刀杆的另一端用吊架支承。

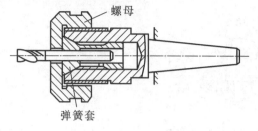

(a) 直柄铣刀的安装

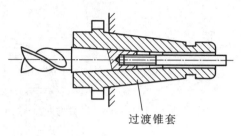

(b) 锥柄铣刀的安装

图 8-4　带柄铣刀的安装

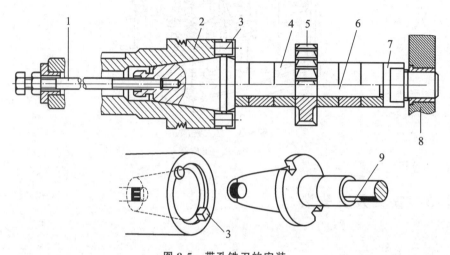

图 8-5　带孔铣刀的安装

1—拉杆；2—主轴；3,9—键；4—套筒；5—铣刀；6—刀轴；7—螺母；8—吊架

8.4　铣床的主要附件

　　铣床的主要附件有机用虎钳、回转工作台、分度头和万能铣头。其中，前三种附件用于工件装夹，万能铣头用于刀具装夹。

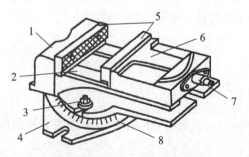

图 8-6　带转台的机用虎钳的外形

1—固定钳口；2—钳身；3—压紧螺母；4—底座；
5—钳口铁；6—活动钳口；7—螺杆；8—刻度盘

8.4.1　机用虎钳

　　机用虎钳是一种通用夹具，也是铣床常用的附件之一。图 8-6 所示为带转台的机用虎钳的外形。机用虎钳主要由底座、钳身、固定钳口、活动钳口、钳口铁和螺杆等部分组成。底座下镶有定位键，安装时，将定位键放入工作台的T形槽内，即可在铣床上获得正确的位置。松开钳身上的压紧螺母，并转动钳身，可使其沿底座转动一定角度。工作时，应先校正机用虎钳在工作台上的位置，保证固定钳口与工作台台面的垂直度和平行度。机用虎钳安装简单，使用方便，适用于装夹尺寸较小、形状简单的支架、盘套类零件和轴类工件。

8.4.2 回转工作台

回转工作台如图 8-7 所示。回转工作台内部有蜗轮蜗杆传动机构，手轮与蜗杆同轴连接，回转台与蜗轮连接。转动手轮，通过蜗杆传动，带动回转台转动。回转台周围标有 0°～360°刻度，用于观察和确定回转台的位置。回转工作台中央的定位孔可以安装心轴，便于找正和确定工件的回转中心。当回转工作台底座上的槽和铣床工作台上的 T 形槽对正后，即可用螺栓将回转工作台紧固于铣床工作台上。回转工作台有手动和机动两种方式。采用机动方式时，合上离合

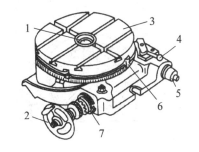

图 8-7　回转工作台
1—定位孔；2—手轮；3—回转台；4—离合器手柄；
5—传动轴；6—挡铁；7—偏心环

器手柄，由传动轴带动回转台转动。回转工作台适用于工件的分度工作和非整圆弧面的加工。铣削圆弧槽时，工件装夹于回转工作台上，铣刀旋转，用手均匀、缓慢地转动手轮，即可铣出圆弧槽。

8.4.3 分度头

分度头是铣床的重要附件之一。机床用机械分度头（简称分度头）分为万能分度头和半万能分度头。半万能分度头比万能分度头缺少差动分度挂轮连接部分。万能分度头的规格有 F11100、F11125、F11160、F11200 和 F11250 等。其中，F 是表示机床附件分度头的类代号，11 是表示万能分度头的组系代号，100、125 等为主参数。

1. 万能分度头的功能

万能分度头具有以下功能。

（1）可以使工件绕自身的轴线转动一定角度，并且可以对圆周进行等分。

（2）利用分度头主轴上的卡盘装夹工件，可以使工件轴线在相对于铣床工作台台面上倾 95°至下倾 5°的范围内调整至所需角度，以便于加工各种位置的沟槽、平面等。

（3）与机床工作台的纵向进给运动配合，通过挂轮能使工件连续转动，可以加工螺旋沟槽和斜齿轮等。

2. 万能分度头的结构

图 8-8 所示为万能分度头。万能分度头主要由底座、回转体、主轴和分度盘等部分组成。

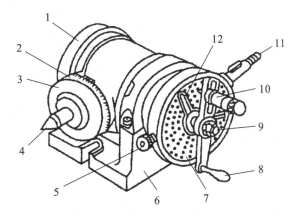

图 8-8　万能分度头

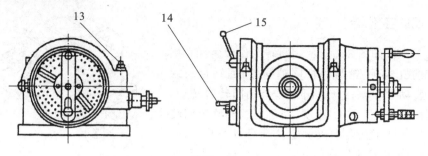

续图 8-8

1—回转体;2—刻度环;3—主轴;4—顶尖;5—分度盘锁紧螺钉;6—底座;7—分度盘;8—分度手柄;9—锁紧螺母;
10—定位销;11—挂轮轴;12—分度叉;13—压紧螺母;14—蜗杆脱落手柄;15—主轴锁紧手柄

主轴安装于回转体内,回转体由两侧的轴颈支承于底座上,并可绕其轴线转动,使主轴(工件)的轴线在相对于铣床工作台台面上倾 95°至下倾 5°的范围内调整至所需角度。调整时,先松开底座上靠近主轴后端的两个紧固螺母,用撬棒插入主轴孔内扳动回转体,调整后再拧紧紧固螺母。底座底面的槽内镶有两个定位键,可以与铣床工作台上的 T 形槽相配合,以便于精确定位。万能分度头的主轴为空心轴,两端均为莫氏锥孔。前锥孔用于安装带有拨盘的顶尖;后锥孔可用于安装心轴,供安装挂轮使用。分度盘套装于分度手柄轴上,分度盘的正面和反面有若干均匀分布不同孔数的定位孔圈,作为分度计算和实现分度的依据。分度盘用于配合分度手柄完成不是整数的分度。定位销可在分度手柄的长槽内沿分度盘径向调整位置,以便于将定位销插入选择孔数的定位孔圈内。松开分度盘锁紧螺钉,可使分度手柄随分度盘一起进行微量转动调整,或者完成差动分度和螺旋面的加工。分度叉用于防止分度差错,同时可以方便分度。挂轮轴用于在分度头与铣床工作台纵向丝杠之间安装挂轮,以便于进行差动分度和螺旋面的加工。蜗杆脱落手柄用于脱开蜗杆蜗轮的啮合,以便于进行直接分度。主轴锁紧手柄用于分度后锁紧主轴,使铣削力直接作用于蜗杆蜗轮上,减少铣削时的振动,保证分度头的分度精度。万能分度头一般都配有尾座、拨叉、法兰盘和 T 形槽螺栓等附件,以保证其基本的使用功能。

3. 分度方法

图 8-9 所示为 F11250 万能分度头的传动系统及分度盘。

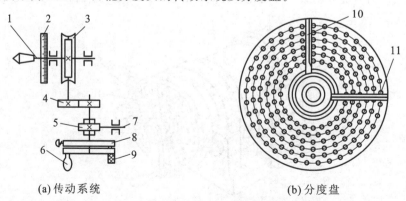

(a) 传动系统　　　　　　　　(b) 分度盘

图 8-9　F11250 万能分度头的传动系统及分度盘

1—主轴;2—刻度盘;3—1:40 蜗杆传动;4—1:1 直齿轮传动;5—1:1 螺旋齿轮传动;6—分度手柄;
7—挂轮轴;8—分度盘;9—定位销;10,11—分度叉分度时，从分度盘定位孔内拔出定位销，转动分度手柄，通过传动比为1∶1的直齿轮及传动比为1∶40的蜗杆传动，使主轴带动工件转动。此外，在分度头内还有一对传动比为1∶1的螺旋齿轮，铣床工作台纵向丝杠的运动可以经挂轮带动挂轮轴转动，再通过该螺旋齿轮传动使分度手柄所在的轴转动，从而使主轴带动工件转动。利用分度头可进行直接分度、简单分度、角度分度、差动分度等。

8.4.4　万能铣头

在卧式铣床上装上万能铣头，不仅能完成各种立铣的工作，还可以根据铣削的需要，将铣头主轴偏转成任意角度。万能铣头的底座用四个螺栓紧固于铣床的垂直导轨上，铣床主轴的运动通过铣头内的两对锥齿轮传至铣头主轴上，如图8-10(a)所示。铣头壳体可绕铣床主轴轴线偏转任意角度，如图8-10(b)所示。主轴壳体还可在铣头壳体上偏转任意角度，如图8-10(c)所示。因此，铣头主轴可以在空间内偏转成所需要的任意角度。

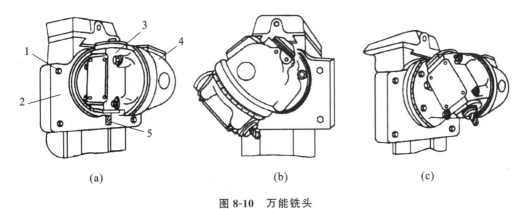

(a)　　　　　　　　　　(b)　　　　　　　　　　(c)

图 8-10　万能铣头

1—螺栓；2—底座；3—主轴壳体；4—铣头壳体；5—铣刀

8.5　典型的铣削加工

8.5.1　铣削方式

1. 周边铣削与端面铣削

周边铣削是用铣刀周边的齿刃进行加工的铣削方式，如图8-1(a)所示。端面铣削是用铣刀端面的齿刃进行加工的铣削方式，如图8-1(b)所示。用铣刀周边的齿刃和端面的齿刃同时进行加工的铣削方式称为周边-端面铣削，如图8-1(c)和图8-1(d)所示。

2. 逆铣与顺铣

逆铣是在铣刀与工件已加工面的切点处，铣刀旋转齿刃的运动方向与工件的进给方向相反的铣削方式，如图8-11(a)所示。顺铣是在铣刀与工件已加工面的切点处，铣刀旋转齿刃的运动方向与工件的进给方向相同的铣削方式，如图8-11(b)所示。逆铣时，工作台的进给力与铣刀对工件的切削力的方向相反，进给力需要克服切削力，工作台才能移动；顺铣时这两个力的方向相同，作用在工件上的切削力有带动工作台移动的趋势。

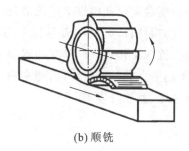

(a) 逆铣 　　　　　 (b) 顺铣

图 8-11　逆铣与顺铣

8.5.2　铣平面

铣平面可用周边铣削与端面铣削两种方式。由于端面铣削方式具有刀具刚性好、切削平稳(同时参与切削的齿刃较多)、加工表面粗糙度较小以及生产效率高等优点,所以,一般优先采用端面铣削方式。

周边铣削有逆铣和顺铣两种方式。与逆铣相比,顺铣有利于高速铣削,可以提高工件表面的加工质量,并且有助于工件的夹持,但其只能应用于可消除工作台进给丝杠与螺母之间间隙的铣床。对没有硬皮的工件进行加工时,一般采用逆铣方式。

1. 用圆柱铣刀铣平面

圆柱铣刀有直齿圆柱铣刀和螺旋齿圆柱铣刀两种,如图 8-12 所示。由于直齿切削不如螺旋齿切削平稳,因此,螺旋齿圆柱铣刀应用较多。

(a) 直尺圆柱铣刀 　　　　　 (b) 螺旋齿圆柱铣刀

图 8-12　圆柱铣刀

周边铣削时,铣刀的宽度应大于所铣平面的宽度,螺旋齿圆柱铣刀螺旋线的方向应使铣削时所产生的轴向力将铣刀推向铣床主轴轴承的方向。

在卧式铣床上,铣平面的一般操作过程如下。

(1) 根据工件待加工表面的尺寸选择和装夹铣刀。

(2) 根据工件的大小和形状确定工件装夹方法并装夹工件。

(3) 开车使铣刀旋转,升高工作台,使铣刀与工件待加工表面稍微接触,记下刻度盘读数,如图 8-13(a)所示。

(4) 纵向退出工作台(工件),如图 8-13(b)所示。

(5) 利用刻度盘调整背吃刀量(侧吃刀量),将工作台升高至规定位置,如图 8-13(c)所示。

(6) 转动纵向进给手轮使工作台纵向进给,当工件被稍微切入后,改为自动进给(一般采用逆铣方式),如图 8-13(d)所示。

（7）铣完一遍（即一次走刀）后，停车，降下工作台让刀，如图 8-13(e)所示。

（8）纵向退出工作台，测量工件尺寸，并观察表面粗糙度，重复铣削直至达到规定要求，如图 8-13(f)所示。

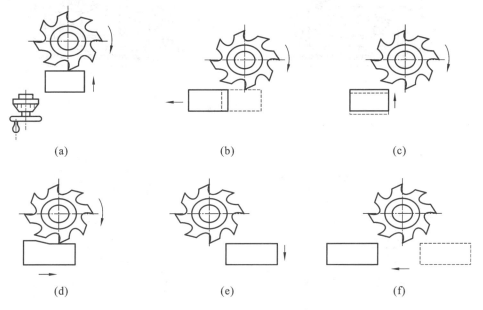

(a)   (b)   (c)

(d)   (e)   (f)

图 8-13　铣平面的基本操作

2. 用端铣刀铣平面

端铣刀一般用于在立式铣床上铣平面，有时也用于在卧式铣床上铣侧面。与用圆柱铣刀铣平面相比，用端铣刀铣平面（端面铣削）具有以下特点。

（1）切削厚度变化较小，同时参与切削的齿刃较多，切削过程比较平稳。

（2）端铣刀的主切削刃担负主要的切削工作，副切削刃有修光作用，加工表面质量好。

（3）端铣刀齿刃易于镶装硬质合金刀片，且其刀杆比圆柱铣刀的刀杆短，刚性较好，能减少加工中的振动，有利于提高铣削质量，并且可以进行高速铣削。

因此，用端铣刀铣平面生产效率高，加工表面质量好，这种铣削方法在铣平面中被广泛采用。

8.5.3　铣斜面

铣斜面的方法主要有倾斜刀轴法、倾斜工件法和角度铣刀法三种，加工时，应根据具体情况选用。

1. 倾斜刀轴法

采用倾斜刀轴法铣斜面如图 8-14 所示，利用万能铣头改变刀轴的空间位置，转动铣头使刀具相对于工件倾斜一定的角度来铣斜面。

2. 倾斜工件法

采用倾斜工件法铣斜面时，先将工件倾斜适当的角度，使待加工斜面处于水平位置，然后采用铣平面的方法来铣斜面，如图 8-15 所示。

3. 角度铣刀法

在有角度相符的角度铣刀的情况下，可以直接用角度铣刀来铣斜面，如图 8-16 所示。

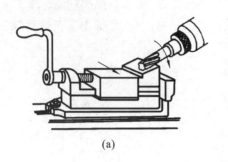 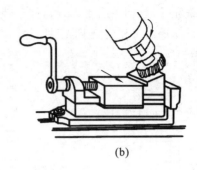

(a)   (b)

图 8-14　采用倾斜刀轴法铣斜面

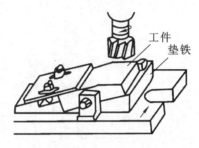 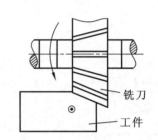

图 8-15　采用倾斜工件法铣斜面　　　　图 8-16　采用角度铣刀法铣斜面

8.5.4　铣沟槽

在铣床上利用不同的铣刀可以加工出键槽、直角槽、T形槽、V形槽、燕尾槽和螺旋槽等各种沟槽。下面介绍键槽、T形槽和燕尾槽的铣削加工。

1. 铣键槽

常见的键槽有开口键槽、封闭键槽和花键槽三种。

1）铣开口键槽

铣开口键槽一般用三面刃铣刀在卧式铣床上进行，如图 8-17 所示。基本操作步骤如下。

（1）选择和装夹铣刀。三面刃铣刀的宽度应根据键槽的宽度来选择，铣刀必须正确装夹，不得左右摆动，否则铣出的槽宽将会不准确。

（2）装夹工件。轴类工件一般用机用虎钳装夹。为了使铣出的键槽平行于轴的中心线，机用虎钳的钳口（固定钳口）必须与工作台的纵向进给方向平行。装夹工件时，应将轴端伸出钳口外，以便于对刀和检测键槽尺寸。

（3）对刀。铣削时，三面刃铣刀的中心平面应与轴的中心线对准，铣刀对准后必须将铣床床鞍紧固。

（4）调整铣床和加工。先试切检测槽宽，然后铣出键槽全长。铣削较深的键槽时，应分几次走刀铣削。

2）铣封闭键槽

铣封闭键槽一般用键槽铣刀在立式铣床上进行，如图 8-18 所示。铣削时，键槽铣刀一次轴向进给不能过大，切削时应逐层切下。如果用普通立铣刀加工，由于普通立铣刀端面的中心处无切削刃，不能轴向进刀，因此，必须预先在键槽的一端钻一个落刀孔，然后才能用立铣刀铣键槽。

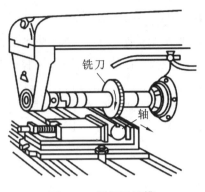

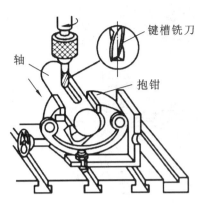

图 8-17　铣开口键槽　　　　　　　图 8-18　铣封闭键槽

3）铣花键槽

花键槽的加工，在单件小批量生产时，一般用成形铣刀在卧式铣床上进行；在大批量生产时，一般用花键滚刀在专用的花键铣床上进行。

2. 铣 T 形槽和燕尾槽

铣 T 形槽或燕尾槽时，应先用立铣刀或三面刃铣刀铣出直角槽，然后用 T 形槽铣刀或燕尾槽铣刀铣削成形，如图 8-19 和图 8-20 所示。

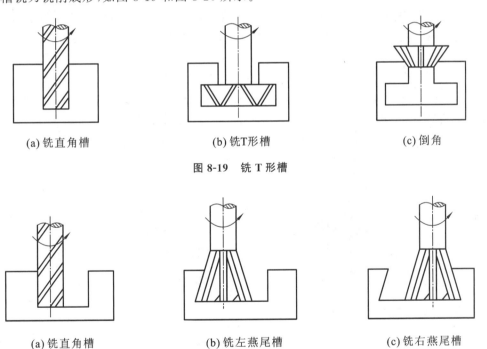

(a) 铣直角槽　　　　　　(b) 铣T形槽　　　　　　(c) 倒角

图 8-19　铣 T 形槽

(a) 铣直角槽　　　　　　(b) 铣左燕尾槽　　　　　(c) 铣右燕尾槽

图 8-20　铣燕尾槽

8.5.5　铣成形面和曲面

1. 铣成形面

铣成形面一般用成形铣刀在卧式铣床上进行，如图 8-1(g) 和图 8-1(h) 所示。成形铣刀的形状应与成形面的形状吻合。

2. 铣曲面

铣曲面一般用立铣刀在立式铣床上进行,具体方法有以下三种。

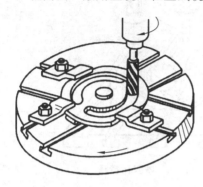

图 8-21 回转工作台铣曲面

（1）按划线痕迹铣曲面。对于质量要求不高的曲面,可以在工件上划线,按照划线痕迹,由操作者手动移动工作台进行加工。

（2）回转工作台铣曲面。对于圆弧曲面,可以将工件装夹于回转工作台上的回转台中心,转动回转工作台手轮进行铣削加工,一般采用逆铣方式,如图 8-21 所示。

（3）靠模法铣曲面。对于大批量生产,可采用靠模法铣曲面。靠模安装于工件的上方,将铣床工作台的纵向(或横向)进给丝杠副拆卸掉,铣削时,依靠弹簧或重锤的恒定压力,使立铣刀上端的圆柱部分始终与靠模接触,从而铣削出与靠模形状相同的曲面。

8.5.6 铣齿轮

齿轮加工的方法很多,按照齿轮(一般为渐开线齿轮)的成形原理,可以分为成形法和展成法两大类。利用与被加工齿轮齿槽形状相符的成形铣刀来加工齿轮的方法称为成形法;利用齿轮刀具与被加工齿轮的啮合运动来加工齿轮的方法称为展成法。在这里简单介绍成形法加工齿轮。

在铣床上铣齿轮属于成形法加工,与铣成形面的方法相同,即用与被加工齿轮齿槽形状相符的成形铣刀进行铣削。所用铣刀为模数铣刀,用于卧式铣床的是盘状(模数)铣刀,用于立式铣床的是指状(模数)铣刀,如图 8-22 所示。铣齿轮的基本操作步骤如下。

盘状(模数)铣刀

指状(模数)铣刀

(a) 采用盘状(模数)铣刀铣齿轮   (b) 采用指状(模数)铣刀铣齿轮

图 8-22 采用成形法铣齿轮

（1）选择并装夹铣刀。选择盘状(模数)铣刀时,除了模数应与被加工齿轮的模数相同外,还应根据被加工齿轮的齿数选用相应刀号的铣刀。

（2）装夹并校正工件。采用双顶尖加心轴的方式装夹工件。

（3）调整铣床和加工。当一个齿槽铣好后,利用分度头进行一次分度,再铣下一个齿槽,直至铣完所有齿槽。

8.6　刨削概述

在刨床上用刨刀加工工件叫作刨削。采用刨削方式可以加工平面（水平面、垂直面、斜面等）、沟槽（T 形槽、V 形槽、燕尾槽等）及一些成形面。

刨削时由于一般只用一把刀具切削，且切削速度较慢，所以刨削的生产效率较低。但加工窄而长的表面时，刨削的生产效率较高。另外，刨削刀具简单，加工调整灵活方便，故在单件生产及修配工作中刨削加工方式得到了较广泛的应用。

刨削加工的精度一般为 IT8 至 IT9，表面粗糙度为 $1.6 \sim 6.3$ μm。

8.7　牛头刨床

8.7.1　牛头刨床的结构

牛头刨床主要由床身、滑枕、摆杆机构、变速机构、刀架、工作台、横梁和进刀机构等组成，如图 8-23 所示。

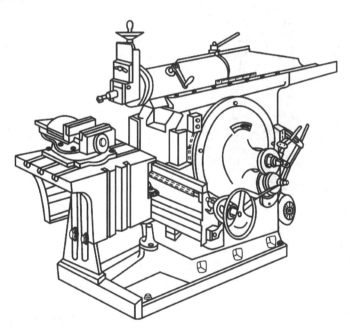

图 8-23　牛头刨床

1. 床身

床身是一个固定在底座上的箱形铸铁件，底座用地脚螺栓固定在水泥地基上。刨床的零件几乎全部装在床身上。床身内部装有变速机构和摆杆机构。床身上部装有带斜面的长条形压板，与床身的上平面组成燕尾形导轨，供滑枕往复移动之用。左侧的压板可用螺钉调整滑枕与导轨间的间隙，以减小滑枕往复移动时的摆动，从而可以提高机床的加工精度。

2. 滑枕

滑枕由摆杆机构驱动，它的作用是带动刨刀做往复直线主运动。滑枕是长条形空心铸件,内部装有由丝杠、滑块螺母、一对伞齿轮等组成的滑枕行程调整装置,用来调整滑枕的起始位置。滑枕的上面有长条形槽,装有螺栓,用以连接和紧固滑枕与摆杆机构。

3. 刀架

刀架主要由刻度转盘、拖板、刀箱、舌块和吃刀手轮等组成,如图 8-24 所示。刀架用来装夹刨刀并使刨刀沿一定方向移动。刻度转盘用螺栓装在滑枕前端的 T 形环槽里,可做 60°回转。舌块上有夹刀座,刨刀就装夹在这里,舌块用铰链销与刀箱连接在一起。可以将舌块向前上方抬起,这样可避免滑枕回程时刨刀与工件发生摩擦。刀箱可以在拖板上偏转±15°,便于刨削侧面时保护刨刀和已加工表面。吃刀手轮下面有刻度环,能够显示吃刀深度。

刀架吃刀原理如图 8-25 所示,吃刀手轮装在吃刀丝杠上,丝母固定在刻度转盘上,拖板和吃刀丝杠连在一起,转动吃刀手轮时,吃刀丝杠便在丝母中转动,因为丝母是固定不动的,所以吃刀丝杠在转动的同时,它本身还要移动,于是拖板和刨刀与吃刀丝杠一起移动,这样就实现了刨刀的吃刀或退刀。

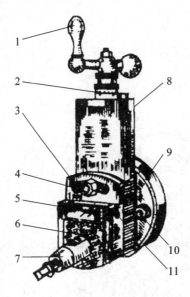

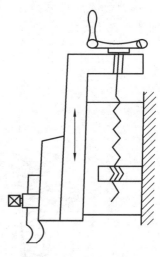

图 8-24　刀架　　　　　　　　　　图 8-25　刀架吃刀原理

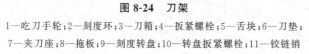

1—吃刀手轮;2—刻度环;3—刀箱;4—扳紧螺栓;5—舌块;6—刀垫;
7—夹刀座;8—拖板;9—刻度转盘;10—转盘扳紧螺栓;11—铰链销

4. 工作台和横梁

图 8-26 所示为工作台,它的顶面有 T 形槽,一个侧面有 T 形槽和 V 形槽,另一个侧面有圆孔。这些孔和槽都是用来装夹各种工件或夹具的。图 8-27 所示为鞍板,它的一侧有 T 形槽和直槽,直槽用于工作台在鞍板上的定位,再用螺栓把工作台锁紧在鞍板上,另一侧与两块压板分别组成燕尾形导轨和平导轨,用于与横梁上对应的导轨相配合,这样工作台便可在横梁上左右移动。横梁装在床身前面的两条垂直导轨上,如图 8-28 所示。横梁的空腔里装有转动横梁升降丝杠用的一对伞齿轮和工作台横向进刀丝杠。转动升降方头可使横梁升降,调整工作台。

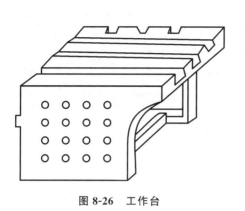

图 8-26　工作台

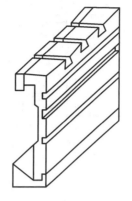

图 8-27　鞍板

5. 进刀机构

在牛头刨床上进行刨削加工时,其主运动是刨刀的往复直线运动,进给运动是工作台的横向移动,通过进刀机构来实现。进刀机构大多数采用棘轮棘爪机构,图 8-29 所示为牛头刨床的棘轮棘爪机构,往复运动的连杆使棘爪架往复摆动,往复摆动一次,棘爪使棘轮转过一定的角度 ϕ,棘轮装在横向进刀丝杠上,因此带动进刀丝杠一起转动,工作台便实现了横向间歇的自动进刀运动。当把棘爪提起,使棘爪脱离棘轮时,自动进刀运动便停止,此时可以手动进刀。

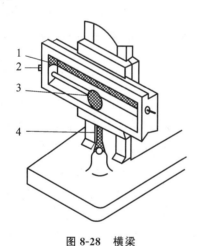

图 8-28　横梁

1—工作台横向进刀丝杠;2—升降方头;

3—伞齿轮;4—横梁升降丝杠

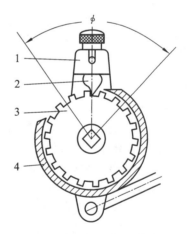

图 8-29　牛头刨床的棘轮棘爪机构

1—棘爪架;2—棘爪;3—棘轮;4—棘轮罩

8.7.2　牛头刨床传动系统简介

牛头刨床传动系统简图如图 8-30 所示。牛头刨床的主运动为滑枕带动刨刀做往复直线运动,其传动路线为电动机→皮带轮→齿轮变速机构→曲柄摆动机构。

进给运动为工作台的横向移动,其传动路线为电动机→皮带轮→齿轮变速机构→连杆→棘轮棘爪机构→进刀丝杠→工作台。

牛头刨床的传动系统主要由以下几个机构组成。

1. 变速机构

齿轮变速机构由几组滑动齿轮组成,通过调整齿轮的组合方式可以改变齿轮变速机构

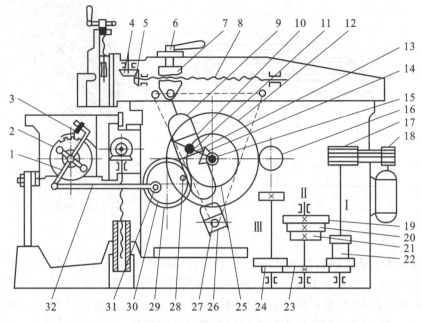

图 8-30　牛头刨床传动系统简图

1—摇杆；2—棘轮；3—棘爪；4,5—锥齿轮；6—锁紧手柄；7—滑块螺母；8—丝杠；9—摆杆；10—滑块；11—曲柄销；
12—摆杆齿轮；13—丝杠；14,15—伞齿轮；16—小齿轮；17—大皮带轮；18—小皮带轮；19,20,21—变速齿轮；
22,24—滑动齿轮；23,25,29—齿轮；26—滑块；27—下支点；28—销；30—圆盘；31—销轴；32—连杆

的传动比，使刨床获得不同的切削速度，以适应不同尺寸、不同材料和不同技术条件的加工要求。

2. 摆杆机构

摆杆机构是刨床上的主要机构，它的作用是把电动机的转动变成滑枕的往复直线运动。摆杆机构主要由摆杆、滑块、曲柄销、摆杆齿轮、丝杠和一对伞齿轮等零件组成。摆杆中间有空槽，上端用铰链与滑枕中的滑块螺母连接，下端通过开口滑槽用铰链连接在床身上的滑块上。曲柄销的一端插在滑块的孔内，另一端插在丝杠上的丝母上，丝杠固定在齿轮的端面支架上。当摆杆齿轮转动时，便带动曲柄销和滑块一起转动，而滑块又是装在摆杆内的，因此，摆杆齿轮的转动就引起了摆杆下支点的摆动，于是，就实现了滑枕的往复直线运动。滑枕的运动分为前进运动和后退运动，前进运动为工作行程，后退运动为回程。牛头刨床滑枕工作行程的速度比回程的速度慢得多，这是符合加工要求的，并且有利于提高生产效率。

8.7.3　牛头刨床的调整

1. 主运动的调整

1）滑枕行程长度的调整

刨削时的主运动行程根据待加工工件的尺寸和加工要求进行调整，调整时使滑枕行程长度略大于工件加工表面的刨削长度。滑枕行程长度的调整是通过改变滑块在大齿轮上的径向位置来实现的。

2）滑枕起始位置的调整

滑枕的起始位置应和工作台上工件的装夹位置相适应。调整方法是松开锁紧手柄，转动手柄改变滑块的位置，使刨刀在加工表面的相应长度范围内往复运动。调整完毕后，拧紧

锁紧手柄。

3）滑枕速度的调整

通过变速机构调整两组滑动齿轮的啮合关系,滑枕速度会相应地发生改变。

2. 进给运动的调整

1）横向进给量的调整

进给量是指滑枕往复运动一次时工作台的水平移动量。进给量的大小取决于滑枕往复运动一次时棘爪能拨动的棘轮齿数。通过改变棘爪实际拨动的棘轮齿数,可以调整横向进给量的大小。

2）横向进给方向的变换

进给方向是指工作台水平移动的方向,将棘爪转动 180°,使棘爪的斜面与原来反向,这样棘爪拨动棘轮的方向就会反向,从而使工作台反向移动。

 ## 8.8 刨刀和刨削

8.8.1 刨刀的结构特点

刨刀的结构和角度与车刀相似,有以下几个区别。

(1) 由于刨刀工作时有冲击,所以刨刀刀柄截面一般为车刀的 1.25～1.5 倍。

(2) 切削用量大的刨刀常做成弯头刨刀,如图 8-31(b)所示。弯头刨刀在受到切削变形时,刀尖不会像直头刨刀那样[见图 8-31(a)],因绕 O 点转动而产生向下的位移而扎刀。

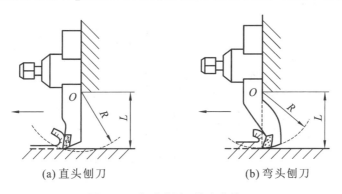

(a) 直头刨刀　　　　　　　　　(b) 弯头刨刀

图 8-31　变形后刨刀的弯曲情况

8.8.2 常见刨刀及其应用

常见的刨刀有平面刨刀、偏刀、切刀、弯切刀等,如图 8-32 所示。

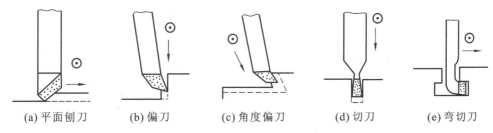

(a) 平面刨刀　　(b) 偏刀　　(c) 角度偏刀　　(d) 切刀　　(e) 弯切刀

图 8-32　常见刨刀及其应用

8.8.3 工件的装夹

1. 用平口虎钳装夹

平口虎钳是一种通用夹具,一般用来装夹中小型工件。用平口虎钳装夹工件如图 8-33 所示。

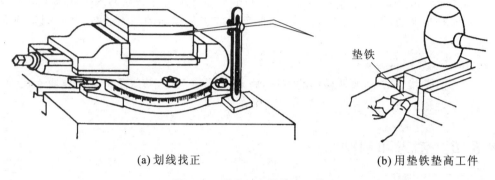

(a) 划线找正   (b) 用垫铁垫高工件

图 8-33 用平口虎钳装夹工件

2. 用压板和螺栓装夹

较大工件或某些不宜用平口虎钳装夹的工件可直接用压板和螺栓将其固定在工作台上,如图 8-34 所示。装夹时应按对角顺序分几次逐渐拧紧螺母,以免工件产生变形。有时为了使工件在刨削时不被推动,需要在工件前端加放挡铁。如果工件各加工表面的平行度及垂直度要求较高,则应采用垫铁或垫上圆棒进行夹紧。

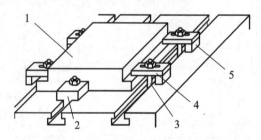

图 8-34 用压板和螺栓装夹工件

1—工件;2—挡铁;3—螺栓;4—压板;5—垫铁

8.8.4 典型表面的刨削

1. 刨水平面

刨水平面采用平面刨刀,当工件表面要求较高时,在粗刨后,还要进行精刨。为了使工件表面质量良好,在刨刀返回时,应防止刀尖刮伤已加工表面。

2. 刨垂直面和斜面

刨垂直面和斜面均采用偏刀,如图 8-35 和图 8-36 所示。安装偏刀时,刨刀伸出的长度应大于整个垂直面或斜面的高度。刨垂直面时,刀架转盘应对准零线。刨斜面时,刀架转盘要扳转相应的角度。此外,刀座还要偏转一定的角度,使刀座上部离开加工表面,以便在刨刀返回行程中抬刀时,刀尖离开已加工表面。

安装工件时,要通过找正使待加工表面与工作台台面垂直(刨垂直面时),并与刨刀切削行程方向平行。在刀具返回行程终了时,用手摇刀架上的手柄来进刀。

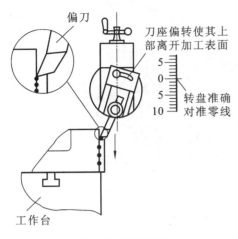
图 8-35 刨垂直面

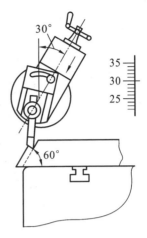
图 8-36 刨斜面

3. 刨沟槽

刨垂直槽时,要用切槽刀以垂直手动进刀的方式来进行刨削,如图 8-37 所示。

刨 T 形槽时,要先用切槽刀刨出垂直槽,再分别用左、右弯刀刨出两侧的凹槽,最后用 45°刨刀倒角,如图 8-38 所示。

刨燕尾槽的过程和刨 T 形槽相似,当用偏刀刨削燕尾面时,刀架转盘及偏刀都要偏转相应的角度,如图 8-39 所示。

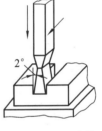
图 8-37 刨垂直槽

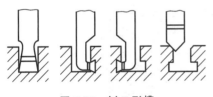
图 8-38 刨 T 形槽

图 8-39 刨燕尾槽

8.9 刨削类机床简介

8.9.1 龙门刨床

龙门刨床如图 8-40 所示,因为有一个龙门式的框架结构而得名。

龙门刨床工作台的往复运动为主运动,刀架的移动为进给运动。

8.9.2 插床

插床实际上是一种立式刨床,如图 8-41 所示。它的结构原理与牛头刨床相似。插床主要用于加工工件的内表面,如方孔、多边形孔、键槽及成形内表面等。

插床的生产效率较低,其加工质量受操作工人技术水平的影响较大,所以插床常用于单件小批量生产的工具车间及修配车间。

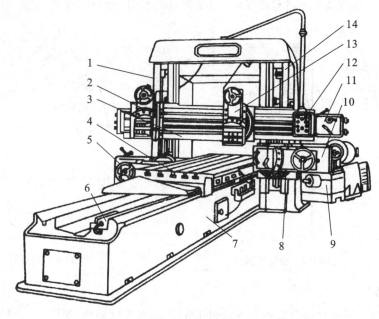

图 8-40　龙门刨床

1—左立柱；2—左垂直刀架；3—横梁；4—工作台；5—左侧刀架进刀箱；6—液压安全器；7—床身；8—右侧刀架；
9—工作台减速箱；10—右侧刀架进刀箱；11—垂直刀架进刀箱；12—悬挂按钮站；13—右垂直刀架；14—右立柱

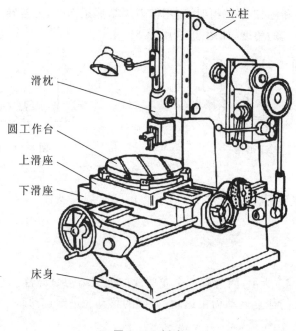

立柱

滑枕

圆工作台

上滑座

下滑座

床身

图 8-41　插床

第9章 磨削加工

9.1 概述

磨削加工,是在磨床上利用高速旋转的砂轮对已成形的工件表面进行精密的切削加工的方法,通过砂轮磨粒对工件的切削作用,可以使工件达到更高的加工精度。磨削加工是零件精加工的主要方法之一。经过磨削加工的工件,其尺寸公差可达到 IT5 至 IT7,表面粗糙度可达到 $0.2\sim0.5~\mu m$。

磨削加工通常用于半精加工和精加工,砂轮磨粒的硬度很高,而且具有自锐性,磨削因为刀具的特殊性而不同于其他切削方法。

磨削可以用于铸铁、碳钢、合金钢等一般的金属材料的加工,也可以用于淬火钢、硬质合金、陶瓷和玻璃等高硬度材料的加工。但是塑性较大的非铁金属材料不适合采用磨削。

磨削加工可以加工各种表面,如图 9-1 所示。除此之外,磨削还可用于毛坯清理等工作。

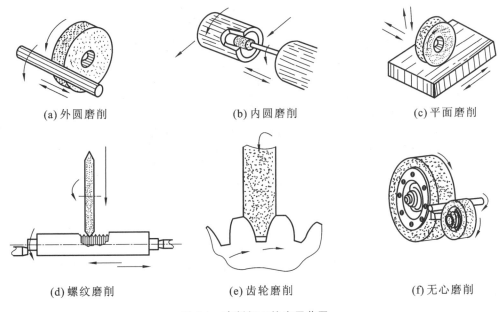

(a) 外圆磨削　　　　(b) 内圆磨削　　　　(c) 平面磨削

(d) 螺纹磨削　　　　(e) 齿轮磨削　　　　(f) 无心磨削

图 9-1　磨削加工的应用范围

9.2 磨床

磨床是利用砂轮对工件表面进行磨削加工的机床。在所有的机床中,磨床的种类最多。常用的磨床主要有外圆磨床、内圆磨床、平面磨床及无心磨床等。

9.2.1 外圆磨床

外圆磨床分为普通外圆磨床和万能外圆磨床。普通外圆磨床除了可以加工各种圆柱形表面和轴肩端面外,还可以磨削锥度较大的外圆锥面,但这种磨削自动化程度较低,适用于单件小批量生产和修配工作。万能外圆磨床带有内圆磨削附件,除了普通外圆磨床可加工的范围之外,还可以磨削各种内圆柱面和内圆锥面。万能外圆磨床的应用非常广泛。

M1432A型万能外圆磨床是普通精度磨床。M1432A型万能外圆磨床的型号的意义如图9-2所示。

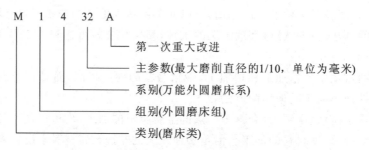

图 9-2 M1432A 型万能外圆磨床的型号的意义

M1432A型万能外圆磨床如图9-3所示。其主要结构及部件介绍如下。

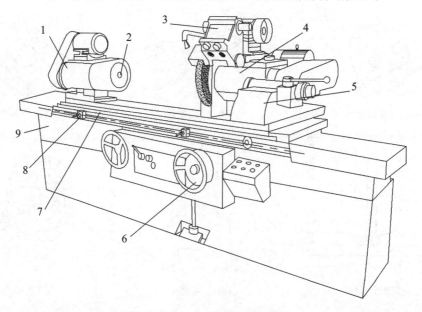

图 9-3 M1432A 型万能外圆磨床

1—头架;2—顶尖;3—内圆磨具;4—砂轮座;5—尾座;6—进给手轮;7—工作台;8—挡块;9—床身

1. 床身

床身用来安装各个部件。床身上部装有纵向导轨、横向导轨、工作台、砂轮座、头架和尾座等;内部装有液压传动系统,控制并使工作台在导轨上实现轴向、纵向往复进给运动。由于万能外圆磨床对工作台往复运动的要求比较复杂:进给运动需要频繁换向,要防止过载,而液压传动具有运动平稳、易于实现无级变速、便于换向等优点,因此磨床工作台采用液压传动。

2. 砂轮座

砂轮安装在砂轮座上,有单独的电动机通过带传动使砂轮高速旋转。通过液压传动系统控制砂轮座在床身后部的横向导轨上移动,实现砂轮的各种进给运动:手动进给、自动间歇进给、快速靠近和快速退回。砂轮座可以绕垂直的轴线偏转±30°。

3. 头架

头架上装有主轴,主轴端部装有顶尖、拨盘或者卡盘,用来安装、夹持工件。主轴由主轴电机通过带传动驱动变速机构,使工件获得6种不同的转动速度。头架可以在水平面内偏转90°。

4. 尾座

尾座的套筒内同样装有顶尖,和头架的顶尖一起固定工件。

5. 工作台

工作台可以自动换向,在液压传动系统的驱动下沿着纵向导轨做往复运动,使工件实现无级调速纵向进给,同时也可以手动控制进给。工作台分为上、下两层,上层工作台可以在水平面内偏转一定的角度实现外圆锥面的磨削,这种磨削圆锥面的方法和普通外圆磨床加工圆锥面相同,是手动方法,只适合于单件小批量磨削和修配工作。头架、尾座装在工作台上,可以沿导轨做往复运动。

6. 内圆磨具

它的主轴由单独的电机驱动,安装有磨削内圆的砂轮,用来磨削内圆柱面和内圆锥面。内圆磨具在使用时翻下来,不用时翻到砂轮架上方。

万能外圆磨床的头架和砂轮座都可以在水平面内偏转一定的角度并有内圆磨具配合,所以其加工范围更广。这一点有别于普通外圆磨床。

9.2.2 内圆磨床

内圆磨床主要由床身、工作台、头架、砂轮座和砂轮修整器等组成。内圆磨床主要用来磨削圆柱、圆锥的内表面,磨削锥孔时头架要在水平面内偏转一定的角度。内圆磨床的磨削运动和外圆磨床相似。

普通内圆磨床仅适合于单件小批量生产;自动和半自动内圆磨床除了工作循环自动进行外,还在加工过程中自动测量,适合于大批量生产。

9.2.3 平面磨床

平面磨床主要由床身、工作台、立柱、砂轮和砂轮修整器等组成。平面磨床主要用来磨削工件平面。

平面磨床有许多不同的类型。其工作台的形状可分为矩形和圆形,矩形工作台称为矩台,圆形工作台称为圆台。常用的平面磨床有卧轴矩台平面磨床、立轴矩台平面磨床、立轴圆台平面磨床、卧轴圆台平面磨床和其他专用平面磨床。

平面磨床装夹工件不同于其他机床,其工作台上装有电磁吸盘(见图9-4),通过电磁力吸住工件使

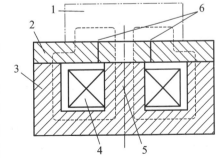

图 9-4 电磁吸盘

1—工件;2—盖板;3—吸盘体;
4—线圈;5—芯体;6—绝缘层

工件固定。电磁吸盘工作台的工作原理是当线圈中通直流电时，芯体被磁化，磁力线经过盖板—工件—盖板—吸盘体而闭合，从而使工件被吸住。磁力线是从 N 极到 S 极的闭合回路，它的疏密程度表示磁场的强弱，在磁块边缘磁力线密集的地方，磁感应强度大，因此工件要放在磁力线密集的地方。加工时，工件随工作台做往复运动，砂轮做相应的进给运动，完成工件平面的磨削加工。当磨削垫圈等小零件时，由于工件和工作台的接触面积小、吸力弱，工件容易被磨削力弹出造成事故，所以在装夹这类工件时，需要在四周或者左右两端用挡铁围住，以防工件移动。

9.3 砂轮

砂轮是磨床用于切削的刀具，一般为圆形，中心有通孔[见图 9-5（a）]。砂轮种类多，形状、大小各异。

砂轮不同于一般的刀具，具有突出的特性——自锐性。砂轮在使用过程中，当磨粒碎裂或者结合剂断裂时，磨粒会从砂轮上局部或者完全脱落，砂轮工作面上的磨粒则不断出现新的切削刃口，或不断露出新的锋利磨粒，使砂轮在一定时间内保持切削性能，这就是砂轮的自锐性。

砂轮由磨料、结合剂和气孔组成[见图 9-5（b）]，磨料、结合剂和气孔是构成砂轮的三要素。磨料有刚玉类磨料、碳化硅类磨料、立方氮化硼类磨料等，起切削作用；结合剂把松散的磨料结合在一起，并辅助磨料起切削的作用；气孔在磨削过程中起排屑作用，同时可以容纳冷却液，有助于散热。

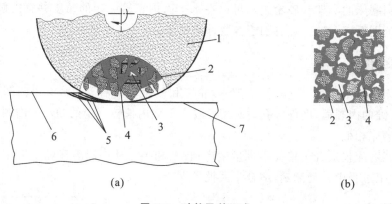

（a）　　　　　　　　　　　　　　　　（b）

图 9-5　砂轮及其组成

1—砂轮；2—磨料；3—气孔；4—结合剂；5—过渡表面；6—待加工表面；7—已加工表面

1. 硬度

1）砂轮磨料的硬度

磨料直接参与切削工作，按硬度的不同，磨料分为普通磨料和超硬磨料。

普通磨料包括刚玉类磨料、碳化硅类磨料等，刚玉类磨料的砂轮用于磨削碳钢、合金钢、可锻铸铁、淬火钢、高碳钢及薄壁零件等，碳化硅类磨料的砂轮用于磨削铸铁、黄铜、铝、耐火材料、硬质合金、光学玻璃等。

超硬磨料包括金刚石类磨料、立方氮化硼类磨料等，具有很好的耐磨性能，且价格高，因此用它们制造的砂轮的形状、性能及价格都不同于用普通磨料制造的砂轮。超硬磨料砂轮除了具有超硬磨料层外，还具有过渡层和基体。超硬磨料层起切削作用，由超硬磨料和结合剂组成。基体在磨削过程中起支承作用。过渡层用于连接基体和超硬磨料层,由结合剂构成,有时也可省去,常用的结合剂有树脂、金属、电镀金属和陶瓷等。超硬磨料砂轮用于磨削宝石等高硬度材料。

2) 砂轮的硬度

砂轮的硬度是指磨粒在外力作用下从砂轮表面脱落的难易程度,反映结合剂结合磨粒的强度。砂轮的硬度和砂轮磨料的硬度是两个不同的概念。砂轮的硬度主要取决于结合剂加入量的多少及其密度。磨粒容易脱落,表示砂轮的硬度低;反之,则表示砂轮的硬度高。相同的磨料可以制成不同硬度的砂轮。在磨削加工中,若被磨工件的硬度高,磨削时为了能及时使磨钝的磨粒脱落,露出具有尖锐棱角的新磨粒,一般选用硬度较低的砂轮;反之,磨削较软的金属时,为了使磨粒不会过早脱落,一般选用硬度较高的砂轮。

2. 砂轮的组织

砂轮的组织反映了砂轮中磨料、结合剂和气孔三者之间的体积比例关系。一般情况下,按照磨粒在砂轮中所占的体积百分比来确定砂轮的组织号。磨粒在砂轮中所占的体积百分比越小,磨粒之间的间隙越大,砂轮的组织号越小,表示组织越疏松,组织较疏松的砂轮使用时不易钝化,磨削过程中发热少,能减少工件的发热变形和烧伤,用于磨削韧度大而硬度不高的材料,适合大面积磨削;反之,磨粒之间的间隙越小,砂轮的组织号越大,组织越致密,组织较致密的砂轮磨削时磨粒不易脱落,有利于保持其几何形状,一般用于成形磨削和精密磨削。

3. 粒度

磨料分为磨粒和微粉两种。磨粒用筛选法分类,它的粒度号以筛网上 1 英寸(1 英寸 = 2.54 厘米)长度内的孔眼数来表示,例如,粒度号为 60 的磨粒表示磨粒只能通过 1 英寸的长度内有 60 个孔眼的筛网。微粉用显微测量法分类,其粒度号用实际尺寸(μm)来表示。

磨料粒度的选择主要与加工表面的粗糙度有关系。粗磨时加工余量大,不要求表面粗糙度很小,一般选用磨料粒度较大的砂轮,这样磨削深度可以大一些,而且气孔较大,砂轮不易堵塞,可以提高生产效率。精磨时加工余量小,要求表面粗糙度小,一般选用磨料粒度较小的砂轮。

4. 结合剂

结合剂是把松散的磨料结合成砂轮的材料。结合剂分为无机结合剂和有机结合剂两种,无机结合剂有陶瓷和硅酸钠等,有机结合剂有树脂、橡胶等。其中,最常用的结合剂是陶瓷、树脂和橡胶。

陶瓷结合剂砂轮具有良好的化学稳定性,耐热,耐水,耐油,耐酸,耐碱,且自锐性好,加工时可以采用各种切削液,也可以干磨,广泛用于平面、内圆和外圆的磨削,以及螺纹、齿轮、曲轴、刀具等的磨削。树脂结合剂砂轮强度高,既能在较高的线速度下工作,也能在重负荷或者冲击力较大的恶劣条件下工作,由于树脂具有可塑性,因此可以制成很薄的切断砂轮或开槽砂轮,但耐热性、化学稳定性差,不耐碱(不能采用碱性切削液)。橡胶结合剂砂轮弹性大,主要用于表面抛光和锥面磨削等。

5. 形状和尺寸

根据磨床结构与所加工工件的不同,砂轮被制成各种形状和尺寸。普通砂轮的形状如图 9-6 所示。砂轮的尺寸范围很大,用于大型曲轴磨削的陶瓷结合剂普通磨料砂轮的最大外径为 2000 mm,而用于半导体材料切断和开槽的电镀金属结合剂金刚石超薄砂轮的厚度最小为 0.03 mm。

　　磨削工件时应尽可能选择外径较大的砂轮,以提高砂轮的磨削速度,提高生产效率。除此之外,在机床刚度和功率许可的条件下,应尽可能选用较宽的砂轮。

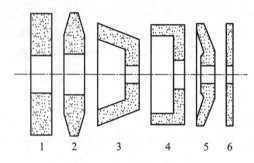

图 9-6　普通砂轮的形状

1—平行砂轮;2—双斜边砂轮;3—碗形砂轮;4—单面凹砂轮;5—碟形砂轮;6—薄片砂轮

6. 砂轮静平衡试验

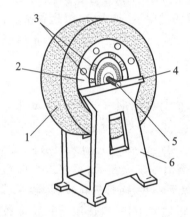

　　砂轮是通过高速旋转对工件进行磨削加工的,由于几何形状不对称,内部组织不均匀,内、外圆不同轴等因素的影响,它的实际轴线与旋转轴线有可能产生偏离,这种轴线偏离的状态称为砂轮静不平衡。砂轮静不平衡会引起机床振动、主轴和轴承磨损加快、砂轮磨损不均匀以及工件表面质量下降等现象,因此对于外径大于 200 mm 的砂轮必须进行静平衡试验。

　　进行静平衡试验时,将砂轮装在心轴上,再放到平衡架的导轨上,如果不平衡,可以移动法兰盘端面环形槽内的平衡块进行调整,直到砂轮在导轨上的任意位置都能平衡,如图 9-7 所示。

7. 砂轮的修整

图 9-7　砂轮静平衡试验

1—砂轮;2—砂轮套筒;3—平衡块;
4—导轨;5—心轴;6—平衡架

　　砂轮工作一段时间之后,磨粒逐渐变钝,砂轮工作表面的孔隙被堵塞,砂轮的正确几何形状被破坏,必须进行修整,将砂轮表面一层变钝的磨粒切去,以恢复砂轮的切削能力和外形精度。一般用金刚石进行修整,修整时要使用大量的冷却液,以免温度过高。

9.4　磨削加工的形式和方法

　　磨削时砂轮与工件的切削运动分为主运动和进给运动。主运动是直接切除工件表面的金属,使之变为磨屑,形成工件新表面的运动,一般指砂轮的高速旋转运动;进给运动是使新的金属层不断投入磨削以便被切除的运动,一般指砂轮的移动,以及工件的旋转和移动。

　　磨削之前,工件通常已经过其他切削方法去除大部分加工余量,一般仅留 0.1~1 mm 甚至更小的磨削余量。磨削形式有外圆磨削、内圆磨削、平面磨削、无心磨削和其他特殊形式的磨削。根据加工工件的不同,磨削方法有很多种,主要有纵磨法、横磨法、端磨法和周磨法。

9.4.1 外圆磨削

外圆磨削主要用于在外圆磨床上磨削轴类工件的外圆柱面、外圆锥圆和轴肩端面。磨削外圆的主运动是砂轮的高速旋转运动,进给运动是圆周进给运动(工件的旋转运动)、纵向进给运动(工件的纵向往复直线运动)和径向进给运动(砂轮沿工件径向的移动)。外圆磨削通常采用纵磨法和横磨法。

1. 纵磨法

采用纵磨法[见图 9-8(a)]磨削外圆时,砂轮的高速旋转运动为主运动,工件旋转的同时还随工作台做纵向往复直线运动,这样就实现了沿工件轴向的进给。除此之外,还可以根据需要选择在单行程或者双行程终了时砂轮沿工件径向移动,实现砂轮沿工件径向的进给,逐渐磨去工件的加工余量。当工件加工至接近最终尺寸时,采用几次无径向进给的光磨行程,提高工件的表面质量,最终以磨削的火花消失为标记结束该工件的磨削。

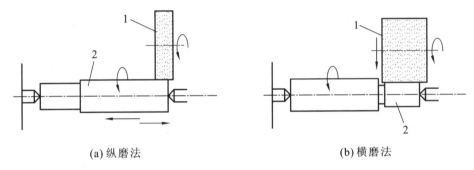

(a) 纵磨法　　　　　　　　　　　　　(b) 横磨法

图 9-8　外圆磨削

1—砂轮;2—工件

纵磨法的优点是每次径向进给量小,磨削力小,散热条件好,可以充分提高工件的磨削精度和表面质量,能满足较高的加工质量要求,但是这种磨削方法效率较低,适合于单件小批量生产。

2. 横磨法

横磨法[见图 9-8(b)]又称为切入磨削法。采用横磨法磨削外圆时,砂轮的宽度比工件的磨削宽度大,工件不需要做纵向(沿工件轴向)进给运动,高速旋转的砂轮以很慢的速度连续向工件做径向进给运动,直到磨去全部加工余量为止。

横磨法去掉的加工余量以径向进给量为主。横磨法的优点是充分发挥了砂轮的切削能力,磨削效率高,同时适用于成形磨削。但是由于在磨削过程中砂轮与工件的接触面积大,使磨削力增大,工件容易发生变形和烧伤。另外,砂轮的形状误差会直接影响工件的几何形状,磨削精度比较低,表面粗糙度比较大。使用横磨法磨削外圆时,必须使用足够的切削液降温,使用功率大、刚性好的磨床,且工件不宜过长。

9.4.2 内圆磨削

内圆磨削主要用于在内圆磨床、万能外圆磨床和坐标磨床上磨削工件的圆柱孔、圆锥孔等。内圆磨削的磨削方法和外圆磨削相同,有纵磨法和横磨法两种,纵磨法使用更广泛。

内圆磨削时,由于砂轮直径受到工件孔径的限制,一般较小,因此砂轮磨损较快,需要经常修整和更换,而且砂轮轴的悬伸长度比较长,刚性差,因此磨削深度不能太大。内圆磨削

的生产效率较低。

9.4.3 平面磨削

平面磨削时的主运动是砂轮的旋转运动,进给运动是纵向进给运动(工件的纵向往复直线运动)、横向进给运动(砂轮沿其轴向的移动)和垂直进给运动(砂轮在垂直于工件被磨表面的方向上移动)。

平面磨削主要用于在平面磨床上磨削平面、沟槽等。在平面磨床上,工件靠电磁吸盘固定在工作台上。根据磨削时砂轮工作表面的不同,平面磨削的方法分为两种:用砂轮的圆周表面进行磨削,称为周磨法,一般采用卧式平面磨床;用砂轮的端面进行磨削,称为端磨法,一般用立式平面磨床。

采用周磨法[见图 9-9(a)]磨削工件时,砂轮和工件的接触面积小,排屑及时,冷却条件好,工件热变形小,砂轮磨损均匀,工件的加工质量较好。但是这种磨削方法的生产效率比较低,适合于精磨平面。

采用端磨法[见图 9-9(b)]磨削工件时,砂轮轴的悬伸长度比较短,刚性好,能采用比较大的切削用量,磨削效率比较高。但是由于砂轮和工件的接触面积大,同时由于砂轮端面外侧、内侧的切削速度不相等,排屑及冷却条件不理想,即使采用大量的冷却液降温,工件的加工质量也比采用周磨法差。因此,端磨法适合于粗磨平面。

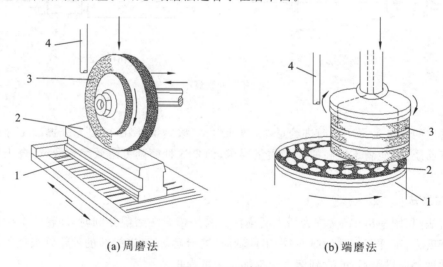

(a) 周磨法   (b) 端磨法

图 9-9　平面磨削

1—电磁吸盘;2—工件;3—砂轮;4—冷却液管

9.4.4 无心磨削及其他特殊形式的磨削

无心磨削通常在无心磨床上进行,用来磨削工件的外圆。磨削时,工件不用顶尖等支承,而是将工件放在砂轮与导轮之间,用下方的托板支承,并由导轮带动旋转。这种磨削方法生产效率高,易于实现自动化,多用于大批量生产。

特殊形式的磨削,用于磨削特定零件,如在磨齿机上磨削齿轮、在螺纹磨床上磨削螺纹、在花键磨床上磨削花键等。磨削时需要使用专门配置的砂轮修整器把砂轮表面修整成相应的轮廓形状。

第**10**章 钳 工

10.1 概述

钳工是指操作者手持工具完成对工件的切削加工,以及对机械的装配、调试、维修等工作。钻孔、铰孔、扩孔、攻螺纹、套螺纹等工作,一般属于钳工的范畴。

钳工是机械加工和修配工作中不可缺少的重要工作,其主要特点是以手工进行操作,工具简单,加工灵活、方便,能够加工机床难以加工的某些形状复杂、质量要求较高的工件,还可以进行大型工件的局部加工。但钳工的劳动强度大,生产效率较低,对操作者的技术水平要求较高。

钳工工作种类繁多,一般分为普通钳工、划线钳工、模具钳工、装配钳工、机修钳工等。钳工的基本操作包括划线,錾削,锯削,锉削,刮削,研磨,孔的加工,螺纹的加工,机器和零部件的装配,设备的安装、调试、维修等。

10.2 划线

10.2.1 划线工具

划线工具按用途可以分为三类:基准工具、支承工具和直接划线工具。

1. 基准工具

划线平台是划线的主要基准工具,如图 10-1 所示。安放划线平台时要平稳、牢固,工作平面应保持水平。平面各处要均匀使用,以免局部磨凹。不能碰撞划线平台,不能在其表面上进行敲击,要保持划线平台的清洁。

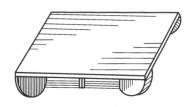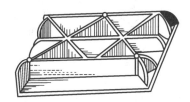

图 10-1　划线平台

2. 支承工具

常用的支承工具有方箱、千斤顶、V 形铁三种。

1) 方箱

划线时夹持较小的工件可采用方箱,如图 10-2 所示。通过在划线平台上翻转方箱,可以在工件上划出相互垂直的线来。

2) 千斤顶

在较大的工件上划线时,常用千斤顶来支承工件,通常用三个千斤顶,其高度可以调整,

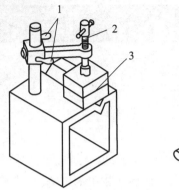
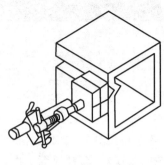

图 10-2   用方箱夹持较小的工件

1—紧固手柄；2—压紧螺栓；3—划出的水平线

以便找正工件，如图 10-3 所示。千斤顶如图 10-4 所示。

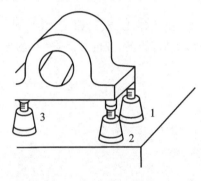

图 10-3   用千斤顶支承工件

图 10-4   千斤顶

3）V 形铁

V 形铁用于支承圆柱形的工件，使工件的轴线与划线平台平行，如图 10-5 所示。

3. 直接划线工具

直接划线工具包括划针、划规、划线卡、划线盘、样冲等。

1）划针

划针用来在工件上划线，其使用方法如图 10-6 所示。

2）划规

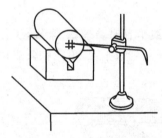

图 10-5   用 V 形铁支承工件

划规是用来划圆或弧线、等分线段及量取尺寸的工具。划规如图 10-7 所示。

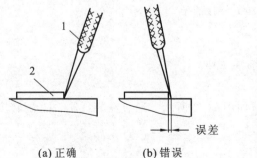

(a) 正确   (b) 错误

误差

图 10-6   划针的使用方法

1—划针；2—钢直尺

图 10-7   划规

3）划线卡

划线卡是用来确定工件上孔及轴的中心的位置的工具。划线卡及其用法如图 10-8 所示。

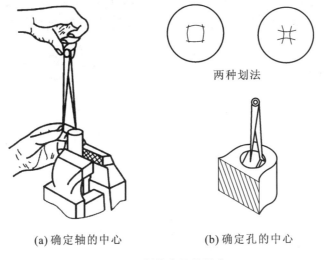

两种划法

(a) 确定轴的中心　　　　(b) 确定孔的中心

图 10-8　划线卡及其用法

4）划线盘

划线盘是立体划线和校正工件位置时常用的工具。用划线盘划线如图 10-9 所示。

5）样冲

样冲用来在划出的线上打出样冲眼，以便划出的线模糊后仍能通过样冲眼找到原先的位置。样冲及其用法如图 10-10 所示。

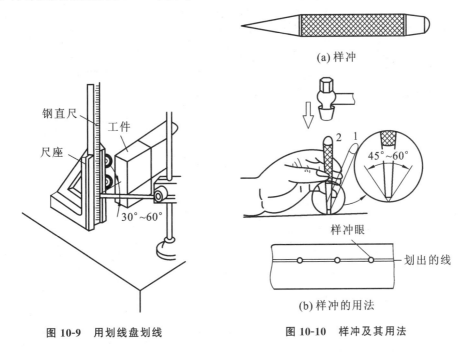

(a) 样冲

钢直尺
工件
尺座
30°~60°

45°~60°

样冲眼
划出的线

(b) 样冲的用法

图 10-9　用划线盘划线　　　**图 10-10　样冲及其用法**

10.2.2　划线基准

划线时为了正确地划出确定工件各部分的尺寸、几何形状和相对位置的点、线或面，必须选定工件上的某个点、线或面作为划线基准。

划线基准的选择一般遵循以下原则：如果工件已有已加工表面，则应以已加工表面作为划线基准，这样才能保证待加工表面和已加工表面的位置和尺寸精度；如果工件为毛坯，则应选重要孔的中心线作为划线基准，如果毛坯上没有重要的孔，则应以较大的平面作为划线基准。

10.2.3　划线操作

划线方法分为平面划线和立体划线两种。平面划线是在工件的一个平面上，用划针、划规、钢直尺等在工件表面上划出线条。立体划线是平面划线的综合，现以立体划线为例说明划线的步骤，如图 10-11 所示。

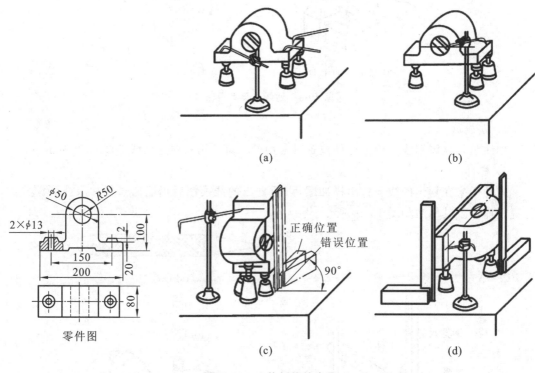

图 10-11　立体划线的步骤

1. 划线步骤

立体划线时按以下步骤进行操作。

（1）分析图样，确定要划出的线及划线基准，检查毛坯是否合格。

（2）清理毛坯上的氧化皮、毛刺等，在划线部位涂一层涂料，铸锻件涂上白浆，已加工表面涂上紫色或绿色。带孔的毛坯用铅块或木块堵孔，以便确定孔的中心位置。

（3）支承及找正工件，如图 10-11(a)所示。先划出划线基准，再划出其他水平线，如图 10-11(b)所示。

（4）翻转工件，找正，划出互相垂直的线及其他圆、圆弧、斜线等，如图 10-11(c)和图 10-11(d)所示。

（5）检查尺寸，打样冲眼。

2．划线操作的注意事项

进行划线操作时要注意以下几点。

（1）工件夹持要稳固，以防工件滑倒或移动。

（2）在一次支承中，应把需要划出的平行线划全，以免再次支承补划造成误差。

（3）正确使用划线工具，以免产生误差。

10.3 锯削

10.3.1 手锯的构造

手锯由锯弓和锯条组成。

1．锯弓

锯弓用来夹持和拉紧锯条，锯弓有固定式和可调式两种，如图 10-12 所示。目前广泛使用的是可调式锯弓。

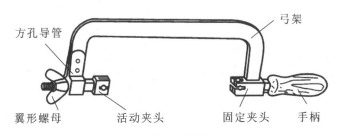

(a) 固定式锯弓

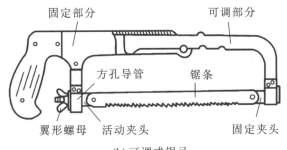

(b) 可调式锯弓

图 10-12　锯弓

2．锯条

锯条一般用碳素工具钢制造。常用的锯条的规格为长 300 mm，宽 12 mm，厚 0.8 mm。

锯齿的形状如图 10-13 所示。锯齿的粗细以齿距 t 的大小来区分，锯齿可分为粗齿（$t=1.6$ mm）、中齿（$t=1.2$ mm）、细齿（$t=0.8$ mm）三种。

锯齿的排列多为波形，以减小锯口两侧与锯条间的摩擦，避免锯条卡死，如图 10-14 所示。

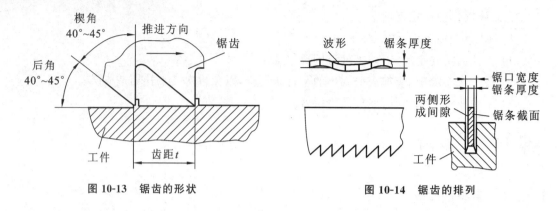

图 10-13 锯齿的形状   图 10-14 锯齿的排列

10.3.2 锯削操作

1. 锯削的工作范围

锯削是指用手锯锯断金属材料或在工件上锯槽。锯削的工作范围包括以下几个方面：分割各种材料或半成品，如图 10-15(a)所示；锯掉工件上多余的部分，如图 10-15(b) 所示；在工件上锯槽，如图 10-15(c) 所示。

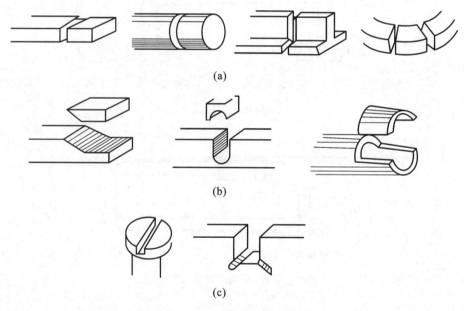

(a)

(b)

(c)

图 10-15 锯削的工作范围

2. 锯削的注意事项

锯削时应注意以下几点。

(1) 锯条应根据工件的材料及厚度进行选择。

(2) 锯条安装在锯弓上时锯齿应向前。锯条的松紧要合适，否则锯削时锯条容易折断。

(3) 工件应尽可能夹在台虎钳左边，以免操作时碰伤左手。工件的伸出部分要短，以防锯削时产生振动。

(4) 起锯姿势要正确，起锯时左手拇指应靠住锯条，右手握紧手柄，起锯角 α 要稍小于 15°，如图 10-16 所示。锯削时，锯弓做往复直线运动，锯条要与工件的表面垂直，前推时轻压,用力要均匀,返回时从工件表面轻轻滑过。

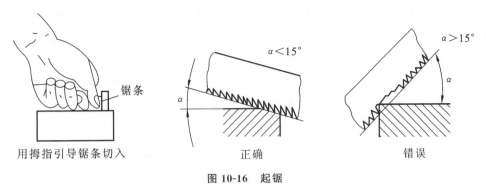

用拇指引导锯条切入　　　　正确　　　　错误

图 10-16　起锯

 ## 10.4　锉削

10.4.1　锉刀及其使用

1. 锉刀

锉刀用工具钢制成,经淬火、回火处理后,其硬度可以达到 62～65 HRC。锉刀的结构与齿形如图 10-17 所示。

锉刀的规格是以其工作部分的长度来表示的,常用的规格有 100 mm、150 mm、200 mm、250 mm、300 mm、350 mm 等。

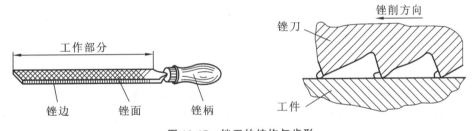

图 10-17　锉刀的结构与齿形

锉齿的粗细是以每 10 mm 长度内的齿数来划分的。根据锉齿的粗细,锉刀可分为粗齿锉刀、中齿锉刀、细齿锉刀、油光锉刀,各自的特点及应用如表 10-1 所示。

表 10-1　锉刀的种类、特点及应用

种　类	特点及应用
粗齿锉刀	不易堵塞,适用于粗加工或锉削铝、铜等非铁金属
中齿锉刀	适用于粗锉后的锉削加工
细齿锉刀	适用于精锉表面或锉削硬金属
油光锉刀	适用于精加工时修光表面

锉刀按用途可分为普通锉刀、整形锉刀和特种锉刀三种。

2. 锉刀的使用

使用锉刀时,根据锉刀的大小有不同的握法。使用较大的锉刀时,右手握锉柄,左手压在前端,保持水平;使用较小的锉刀时,右手握法不变,左手的大拇指和食指捏住前端,引导锉刀水平移动。锉削时施力情况要随锉刀的位置有所变化,这样可使锉刀保持水平运动。锉刀的握法和施力如图 10-18 所示。

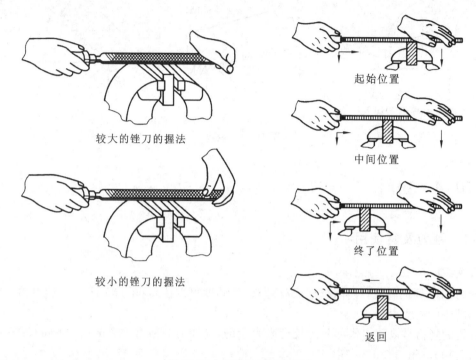

较大的锉刀的握法

较小的锉刀的握法

起始位置

中间位置

终了位置

返回

图 10-18　锉刀的握法和施力

10.4.2　锉削的实际操作

1. 锉刀的选择

锉刀的规格要根据被加工表面的大小来选择;锉刀的截面形状要根据被加工表面的形状来选择;锉刀锉齿的粗细要根据工件的材质、加工余量、所要求的加工精度和表面粗糙度来选择,同时也取决于操作者的操作经验和技术水平。各种锉刀适宜的加工余量和加工精度如表 10-2 所示。

表 10-2　各种锉刀适宜的加工余量和加工精度

锉刀种类	加工余量/mm	加工精度/mm
粗齿锉刀	0.5~1	0.2~0.5
中齿锉刀	0.2~0.5	0.05~0.2
细齿锉刀	0.05~0.2	0.01~0.05

2. 工件的安装

在锉削加工时,工件要安装在钳口的中部,被加工表面要高于钳口。夹持已加工表面时,要将铜皮或铝皮垫在钳口与工件之间,防止夹伤工件。

3. 锉削方法

1) 锉削平面

锉削平面常用三种方法,即顺向锉法、交叉锉法和推锉法,如图 10-19 所示。

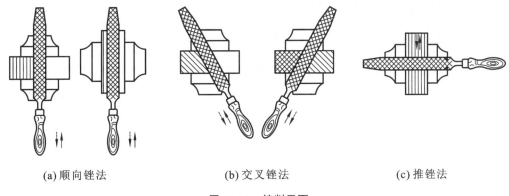

(a) 顺向锉法   (b) 交叉锉法   (c) 推锉法

图 10-19　锉削平面

锉削平面时,先用交叉锉法,这样不仅锉得快,而且可以利用锉痕判断加工面是否平整,平面基本锉平后,再用顺向锉法把粗锉后的平面锉光,降低表面粗糙度,最后用细齿锉刀或油光锉刀用推锉法修光。

在锉削时,工件的尺寸可用钢直尺或游标卡尺检查,工件的直线度、平面度、垂直度可用直角尺、刀口尺等检查。

2) 锉削曲面

经常锉削的曲面有外圆弧面、内圆弧面、球面等。如图 10-20 所示,锉削外圆弧面时一般用滚锉法,即在顺着圆弧做前进运动的同时绕圆弧中心摆动;锉削内圆弧面时要选用半径小于内圆弧半径的半圆锉刀进行锉削。

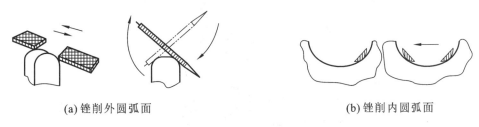

(a) 锉削外圆弧面   (b) 锉削内圆弧面

图 10-20　锉削曲面

3) 配锉

配锉在机器装配和机械修理中经常使用,它是通过锉削两个零件相互接触的表面来达到规定配合要求的一种操作方法。

4. 注意事项

锉削时要注意以下几点。

(1) 不要使用无柄锉刀进行锉削,以免手心受伤。

(2) 不要锉削工件的氧化皮和硬度较高的金属(如白口铸铁),以免锉刀磨损过快。

(3) 不要用手摸锉削的表面,以免锉刀打滑使手受伤。

(4) 当锉刀被锉屑堵塞时,要用钢丝刷顺着锉纹的方向刷去锉屑。

(5) 在放置锉刀时,所放的位置要安全、可靠,以免碰落摔坏或伤到人。

 10.5　钻床、钻孔工具及其使用

各种零件上的孔的加工,除了一部分通过车床、镗床、铣床等机床完成外,很大一部分是通过各种钻床和钻孔工具完成的。

10.5.1　钻床和钻孔工具

钳工常用的钻床有台式钻床、立式钻床、摇臂钻床三种。除了钻床外,手电钻也是常用的钻孔工具。

1. 台式钻床

台式钻床简称台钻,如图 10-21 所示。它是一种放在工作台上的小型机床,可以加工孔径为 1～12 mm 的孔。由于加工的孔径较小,故台钻主轴的钻速较高,通过调整 V 带在 V 带轮上的位置可以改变主轴的钻速。台钻具有小巧灵活、结构简单、使用方便等特点,主要用于小型工件上各种孔的加工。

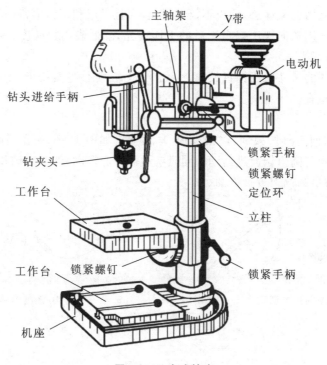

图 10-21　台式钻床

2. 立式钻床

立式钻床简称立钻,如图 10-22 所示。立钻主要由主轴、主轴变速箱、进给箱、电动机、工作台、立柱、机座等组成。通过调整主轴变速箱和进给箱上的手柄的位置可以得到所要求的主轴钻速和进给速度。

在立钻上加工孔时,要移动工件,使钻头对准孔的中心后再固定工件,这样就会使得加工较大的工件或批量加工时很不方便。因此,立钻只适合于加工小型工件和很小批量的工件。如果批量较大,可采用夹具对工件进行定位和固定。

3. 摇臂钻床

摇臂钻床如图 10-23 所示。摇臂钻床的摇臂可围绕立柱旋转,并可沿立柱上下移动,主轴箱可在摇臂上左右移动,主轴可在主轴箱中上下移动。正是由于摇臂钻床具有这些特点,操作者才可以很方便地调整钻头位置,方便对准被加工孔的中心位置,而不需要移动工件。

摇臂钻床适合于加工一些较大的工件和多孔工件,因此,摇臂钻床在生产中得到了广泛的应用。

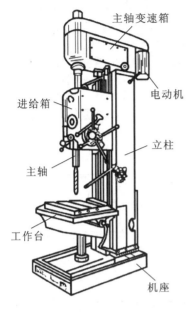

图 10-22　立式钻床

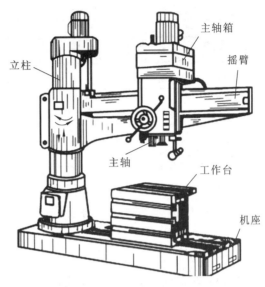

图 10-23　摇臂钻床

4. 手电钻

手电钻如图 10-24 所示,主要用于加工直径小于 12 mm 的孔。手电钻电源有 220 V 和 380 V 两种。手电钻携带方便、操作简单、使用灵活,应用比较广泛。

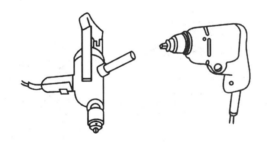

图 10-24　手电钻

10.5.2　钻孔、扩孔、铰孔和锪孔

钳工加工孔的方法一般指钻孔、扩孔、铰孔及锪孔。

1. 钻孔

钻孔是用钻头在实体材料上加工孔的方法。在钻床上钻孔时,工件固定不动,钻头一边旋转(主运动 1),一边向下移动(进给运动 2),如图 10-25 所示。钻孔属于粗加工,尺寸公差等级一般为 IT11 至 IT14,表面粗糙度为 12.5～50 μm。

1)麻花钻

麻花钻是钻孔最常用的刀具,其组成部分如图 10-26 所示。麻花钻前端的切削部分(见图 10-27)有两个对称的主切削刃,钻头顶部有横刃,横刃的存在

图 10-25　钻孔时钻头的运动

使钻削时的轴向力增加。麻花钻有两条螺旋槽和两条刃带,螺旋槽的作用是形成切削刃并向孔外排屑,刃带的作用是减少钻头与孔壁的摩擦并导向。麻花钻的结构决定了它的刚性和导向性都比较差。

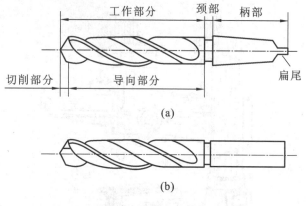

图 10-26 麻花钻的组成部分

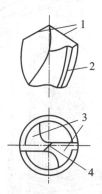

图 10-27 麻花钻前端的切削部分
1—主切削刃;2—刃带;3—主后刀面;4—横刃

2) 钻孔用附件

麻花钻按柄部形状的不同,有不同的装夹方法。锥柄钻头可以直接装入钻床主轴的锥孔内。当钻头柄部的直径小于钻床主轴锥孔的直径时,需要选用合适的过渡套筒,如图 10-28 所示。因为过渡套筒要和各种规格的麻花钻装夹在一起,所以套筒一般需用数个。柱柄钻头通常用钻夹头装夹,钻夹头如图 10-29 所示。

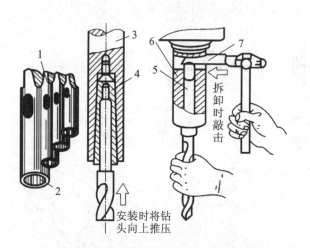

图 10-28 用过渡套筒安装与拆卸钻头
1,4,5—过渡套筒;2—锥孔;3,6—钻床主轴;7—楔铁

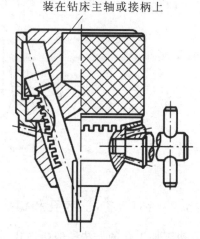

图 10-29 钻夹头

在立钻或台钻上钻孔时,工件通常用平口钳安装,如图 10-30(a)所示,较大的工件可用压板、螺钉直接安装在工作台上,如图 10-30(b)所示。夹紧前先按划线标志的孔位进行找正,压板应垫平,以免工件移动。

3) 钻孔的方法

划线钻孔时,一定要使麻花钻的尖头对准孔中心的样冲眼,一般先钻一个小孔用于判断是否对准。

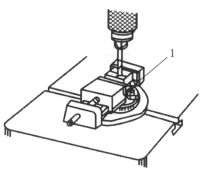 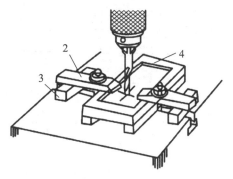

(a)用平口钳安装　　　　　　　　(b)用压板、螺钉安装

图 10-30　钻孔时工件的安装

1—垫铁;2—压板;3—垫块;4—工件

钻孔开始时要用较大的力向下进给,以免钻头在工件表面上来回晃动而不能切入。用麻花钻钻较深的孔时,要经常退出钻头以排出切屑和进行冷却,否则可能使切屑堵塞在孔内卡断钻头或由于过热而增加钻头的磨损。为了降低钻削温度,提高钻头的耐用度,在钢件上钻孔时要加切削液,将要钻透时,压力应逐渐减小。当孔的直径大于 30 mm 时,由于有很大的轴向抗力,故很难一次钻出,这时可以先钻出一个直径较小的孔,然后用另一个钻头将孔扩大到所要求的直径。

2. 扩孔

扩孔是用扩孔钻或钻头对已有孔进行扩大的加工方法。扩孔可以适当提高孔的加工精度,并减小表面粗糙度。扩孔属于半精加工,尺寸公差等级可达 IT9 至 IT10,表面粗糙度可达 $3.2\sim6.3\ \mu m$。

扩孔可以校正孔的轴线偏斜,并使其获得较正确的几何形状。扩孔可作为孔加工的最后工序,也可作为铰孔前的准备工序,扩孔的加工余量为 0.5～4 mm,小孔取较小值,大孔取较大值。

扩孔钻的形状与麻花钻相似,如图 10-31 所示,不同之处如下:扩孔钻有 3～4 个刃且没有横刃;扩孔钻的钻头较粗,刚性较好,故扩孔时其导向性比麻花钻好。

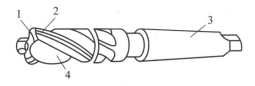

图 10-31　扩孔钻

1—主切削刃;2—刃带;3—锥柄;4—螺旋槽

3. 铰孔

铰孔是用铰刀对已有孔进行精加工的方法,其尺寸公差等级可达 IT8 至 IT9,表面粗糙度可达 $0.8\sim1.6\ \mu m$。铰刀如图 10-32 所示,分为机用铰刀和手用铰刀两种。铰刀的工作部分包括切削部分和修光部分。机用铰刀多为锥柄,装在钻床或车床上进行铰孔。手用铰刀的切削部分较长,导向性较好。图 10-33 所示为可调式铰杠,转动右边的调节手柄即可调节方孔的大小。

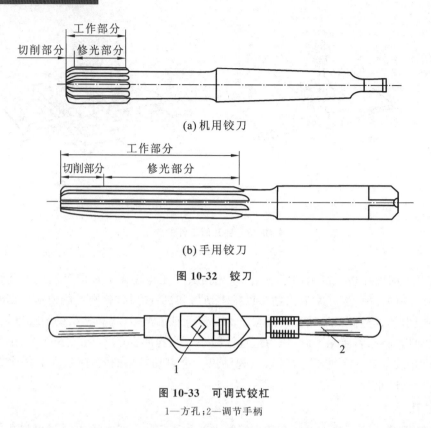

(a) 机用铰刀

(b) 手用铰刀

图 10-32　铰刀

图 10-33　可调式铰杠
1—方孔；2—调节手柄

　　铰刀的形状类似于扩孔钻,不过铰刀有着更多的刃(6～12 个)和较小的顶角,铰刀每个刃上的负荷明显小于扩孔钻,这些因素都使其铰出的孔的精度大大提高,表面粗糙度也明显减小。

　　机铰时为了获得较小的表面粗糙度,必须想办法避免产生积屑瘤,因此应取较低的切削速度。用高速钢铰刀铰孔时,粗铰速度为 0.067～1.67 m/s,精铰速度为 1.5～5 m/min。铰孔时铰刀不可反转,以免崩刃。另外,铰孔时要选用适当的切削液,以控制铰孔的扩张量,并冷却、润滑铰刀。

　　铰孔操作除了可以铰圆柱孔以外,还可用圆锥形铰刀铰圆锥销孔,图 10-34 所示为用来铰圆锥销孔的圆锥形铰刀。对于直径尺寸较小的圆锥销孔,可先按小头直径钻出圆柱孔,然后用圆锥形铰刀铰削即可。对于直径尺寸和深度较大的圆锥销孔,铰孔前应先钻出阶梯孔,然后用圆锥形铰刀铰削。铰孔过程中要经常用相配的圆锥销来检查尺寸,如图 10-35 所示。

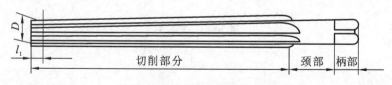

图 10-34　圆锥形铰刀

4. 锪孔

　　用锪钻加工锥形或柱形沉孔的加工方法称为锪孔。沉孔是用来埋放螺钉的头部的,因此锪孔是一种不可缺少的加工方法。锪孔一般在钻床上进行。锥形埋头螺钉的沉孔可用 90°锥锪钻加工,如图 10-36(a)所示。柱形埋头螺钉的沉孔可用圆柱形锪钻加工,如图 10-36(b)

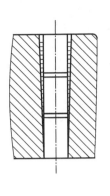
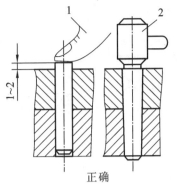
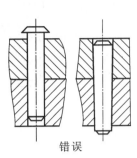

正确　　　　　　　错误

图 10-35　铰圆锥销孔及检查

1—手指；2—铜锤

所示，圆柱形锪钻下端的导向柱可保证沉孔与小孔的同轴度。柱形沉孔的另一个简便的加工方法是将麻花钻的两个主切削刃磨成与轴线垂直的两个平刃，中部具有很小的钻尖，先以钻尖定心加工沉孔，如图 10-36（c）所示，再以沉孔底部的锥坑定位，用麻花钻钻小孔，如图 10-36（d）所示，这种方法具有简单、费用较低的优点。

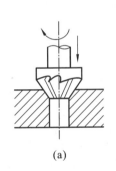
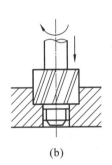
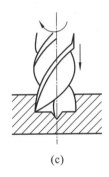
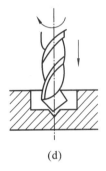

(a)　　　　　　　(b)　　　　　　　(c)　　　　　　　(d)

图 10-36　锪孔

10.6　螺纹加工

攻螺纹、套螺纹是钳工加工内、外螺纹的操作。

10.6.1　攻螺纹

攻螺纹是用丝锥加工内螺纹的操作。

1. 丝锥

丝锥是专门用来攻螺纹的刀具，如图 10-37 所示。丝锥的前端为切削部分，有锋利的刃，这部分主要起切削作用；中间为定径部分，起修光螺纹和引导丝锥的作用。

手用丝锥多为两只一组，分别称为头锥、二锥。两只丝锥的区别在于其切削部分不同：头锥的切削部分有 5～7 个不完整的齿，斜角 ϕ 较小；二锥有 1～2 个不完整的齿，斜角 ϕ 较大。攻螺纹时，先用头锥，再用二锥。

2. 攻螺纹的操作方法

攻螺纹时按以下步骤进行操作。

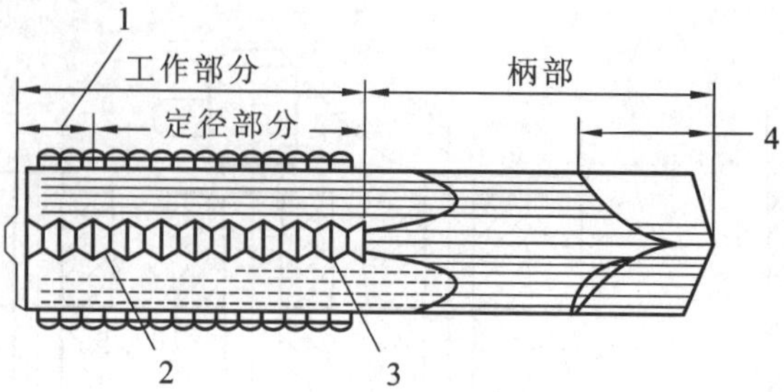

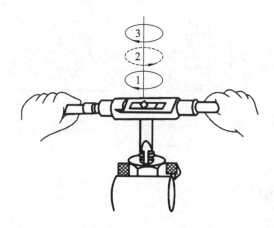

图 10-37 丝锥

1—切削部分；2—槽；3—刀刃；4—方头

（1）钻螺纹底孔。钻头的直径可以通过查手册确定或按下面的经验公式计算确定：加工钢及塑性材料时，钻头直径 $D=d-p$；加工铸铁及脆性材料时，钻头直径 $D=d-1.1p$，式中，d 为螺纹的外径（mm），p 为螺距（mm）。攻盲孔的螺纹时，丝锥不能攻到孔底，所以盲孔的深度要大于螺纹长度。

（2）用头锥攻螺纹。开始用头锥攻螺纹时，必须先旋入 1～2 圈，检查丝锥是否与孔的端面垂直（可用目测或用 90°直角尺在互相垂直的两个方向上检查），并及时纠正丝锥，然后继续用铰杠轻压旋入。当丝锥旋入 3～4 圈后，即可只转动不加压，每转 1～2 圈应反转 1/4圈，使切屑断落。攻螺纹的操作如图 10-38 所示。

图 10-38 攻螺纹的操作

（3）用二锥攻螺纹。用二锥攻螺纹时，先将丝锥放入孔内，用手旋入几圈后再用铰杠转动，旋转铰杠时不需要加压。

10.6.2 套螺纹

套螺纹是用板牙加工出外螺纹的操作。

1. 板牙和板牙架

板牙有固定式板牙和开缝式板牙两种。图 10-39（a）所示为板牙。板牙架是用来装夹板牙的，如图 10-39（b）所示。

2. 套螺纹的操作方法

套螺纹前应首先确定工件直径，工件直径太大则难以套入，太小则套出的螺纹不完整，

(a) 板牙

(b) 板牙架

图 10-39　板牙和板牙架

套螺纹时,板牙端面应与工件垂直。开始转动板牙时,要稍加压力,随后可只转动而不加压力。与攻螺纹一样,为了使切屑断落,需要经常反转。在钢件上套螺纹时,应加切削液。套螺纹的操作如图 10-40 所示。

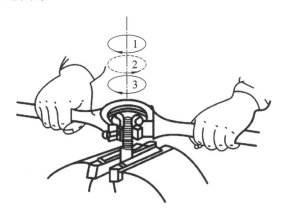

图 10-40　套螺纹的操作

 10.7　刮削

　　刮削是用刮刀从工件已加工的表面上刮去一层很薄的金属的操作。刮削均在机械加工以后进行,刮削时刮刀对工件表面既有切削作用,又有压光作用,经过刮削的表面留有很浅的刀痕,形成存油空隙,既可以减小摩擦阻力,又可以改善表面质量,提高工件的耐磨性。

　　刮削是一种精加工方法,常用于零件上互相配合的重要滑动表面的加工,如机床导轨、滑动轴承等,以使彼此均匀接触。刮削在机械制造和修理工作中占有重要地位,应用非常广泛,但是刮削生产效率低,劳动强度大,因此,刮削多用于那些磨削难以加工到的地方。

　　1. 刮刀及其使用方法

　　常用的刮刀有平面刮刀和三角刮刀等。刮刀一般用碳素工具钢或轴承钢制成,也有的刮刀头部焊有硬质合金用以刮削硬金属。

　　1) 平面刮刀

　　平面刮刀如图 10-41 所示,它是用来刮削平面的工具。

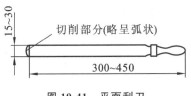

图 10-41　平面刮刀

平面刮刀的使用方法有手刮法与挺刮法两种。图10-42(a)所示为手刮法:右手握刀柄并加压。图10-42(b)所示为挺刮法:刮削时利用腿部和腹部的力量,使刮刀向前推挤。刮削时,用力要均匀,刮刀要拿稳,以免刮刀刃口两侧的棱角将工件刮伤。

施力方向

(a) 手刮法　　　　　　　　　　　(b) 挺刮法

图 10-42　手刮法及挺刮法

2) 三角刮刀

三角刮刀如图10-43(a)所示。三角刮刀用来刮削要求较高的滑动轴承的轴瓦,以使轴瓦与轴颈配合良好。刮削姿势如图10-43(b)所示。

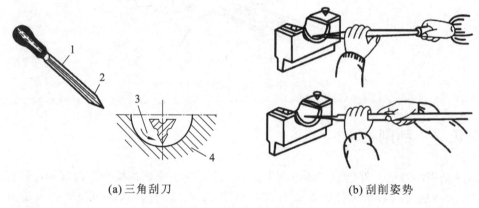

(a) 三角刮刀　　　　　　　　　　(b) 刮削姿势

图 10-43　三角刮刀及刮削姿势

1—三角刮刀;2—切削部分;3—刮削方向;4—工件

2. 刮削质量的检验方法

刮削后的平面可用平板进行检验。平板由铸铁制成,它必须具有刚度好、不变形、非常平直和光洁的特征。

用平板检查工件的方法如下:将刮削后的平面(工件表面)擦干净,并均匀地涂上一层很薄的红丹油(由红丹粉与机油混合而成),然后将涂有红丹油的平面(工件表面)与备好的平板稍加压力配研,如图10-44(a)所示,配研后工件表面上的高点(与平板的贴合点)便因磨去红丹油而显示出亮点来,如图10-44(b)所示。这种显示亮点的方法称为研点子。

刮削质量通常用25 mm×25 mm面积内均匀分布的贴合点数来衡量。卧式机床的导轨要求贴合点数为8～10点。

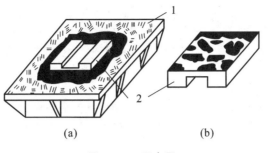

图 10-44　研点子

1—平板；2—工件

3. 平面刮削的步骤

刮削平面时按以下步骤进行操作。

（1）粗刮。若工件表面有机械加工的刀痕，应先用交叉刮削法将表面全部粗刮一次，使表面较为平滑，以免研点子时划伤平板。刀痕刮除后可研点子，并按显示出的亮点逐点粗刮。

（2）细刮。细刮时选用较短的刮刀，这种刮刀用力小，刀痕较短（3～5 mm）。

 ## 10.8　装配与拆卸

10.8.1　装配的组合形式及其步骤

一台复杂的机器往往是先以某一个零件作为基准零件，把其他零件装在基准零件上构成组件，然后把几个组件与零件装在另一个基准零件上，构成部件，最后将若干个部件、组件与零件共同安装在产品的基准零件上，总装成机器。可以单独进行装配的组件及部件称为装配单元。

1. 零件的连接方式

零件相互连接的性质会直接影响产品装配的顺序和装配方法。零件的连接方式可分为固定连接和活动连接，如表 10-3 所示。

表 10-3　零件的连接方式

固 定 连 接		活 动 连 接	
可拆的	不可拆的	可拆的	不可拆的
螺纹、键、销等连接	铆接、焊接等	铀与滑动轴承、柱塞与套筒等连接	任何活动连接的铆接头

2. 常用的装配方法

为了保证机器使用的可靠性，装配时必须保证零件之间、部件之间的配合要符合要求。根据零件的结构、生产条件和生产批量的不同，常用的装配方法有完全互换法、选择装配法、修配法和调整法。

1）完全互换法

完全互换法是指零件具有很好的互换性，装配时不需要对零件进行任何选择、修配和调节，就能保证获得规定的装配精度。其特点是装配过程简单、生产效率高、零件易更换，但对零件的加工精度要求高，这种装配方法一般适用于大批量生产。

2）选择装配法

选择装配法是指装配时选择尺寸合适的零件装在一起，达到装配精度的要求。其特点是需要试装时间（或测量分组时间）。这种装配方法适用于大批量生产。选择装配法能装配出性能较好的机器。

3）修配法

修配法是指装配时，修去某配合件上的预留量，使装配精度达到要求。其特点是需要增加修配的工作量，生产效率较低，且要求工人具有较高的技术水平。修配法适用于单件小批量生产。

4）调整法

调整法是指装配时，调整一个或几个零件的位置，使装配精度达到要求。其特点是可进行定期调整，易于保证和恢复配合精度。调整法可以降低零件的制造成本，但需要增加调整时间。此法适用于批量生产。

3. 装配的步骤

装配一般按以下步骤进行。

（1）研究和熟悉产品装配图及技术要求，了解产品的结构和工作原理，以及零件的作用。

（2）准备所用工具，确定装配方法和顺序。

（3）对装配的零件进行清洗，去掉油污、毛刺。

（4）组件装配。

（5）部件装配。

（6）总装配。

（7）调整、检验、试车。

（8）涂油漆和装箱。

10.8.2 装配实例

1. 组件的装配

图 10-45 所示为减速箱轴承套组件装配顺序图，以此为例说明装配过程。

1）制定装配工艺系统图

装配工艺系统图能简明、直观地反映出产品的装配顺序，也便于组织和指导装配工作。其制定方法如下。

（1）先画一条横线（或竖线）。

（2）在横线（或竖线）的左端（或上端）画一个长方格，代表基准零件，在长方格中注明零件、组件或部件的名称、编号和数量。长方格的形式如图10-46所示。

（3）在横线（或竖线）的右端（或下端）画一个代表装配成品的长方格。

（4）横线（或竖线）从左到右（或从上到下）表示装配顺序。代表直接进入装配的零件的长方格画在横线（或竖线）的上面（或右面），代表组件、部件

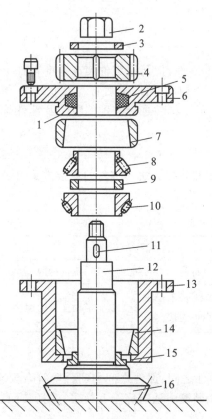

图 10-45　减速箱轴承套组件装配顺序图

1—调整面；2—螺母；3—垫圈；4—齿轮；5—毛毡；
6—轴承盖；7—轴承外圈；8—滚动体；9—隔圈；
10—滚动体；11—键；12—锥齿轮轴；13—轴承套；
14—轴承外圈；15—衬垫；16—锥齿轮

的长方格画在横线(或竖线)的下面(或左面)。图 10-47 所示为轴承套组件装配工艺系统图。

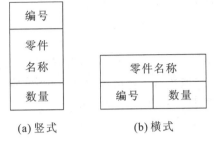

(a) 竖式　　　　　　(b) 横式

图 10-46　长方格的形式

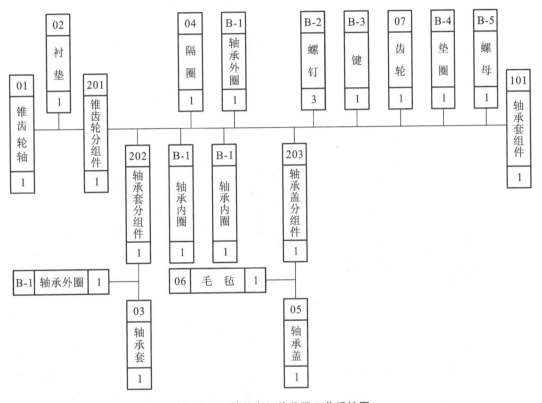

图 10-47　轴承套组件装配工艺系统图

2) 装配方法

根据画出的装配工艺系统图,按以下步骤进行装配。

(1) 将衬垫装在基准零件锥齿轮轴上。

(2) 将下端的轴承外圈压入轴承套(轴承套分组件)装在锥齿轮轴上(可以看成是锥齿轮分组件)。

(3) 压入下端的轴承内圈(包括滚动体、隔离环等,实际上是分组件)。

(4) 放上隔圈。

(5) 压入上端的轴承内圈。

(6) 压入上端的轴承外圈。

(7) 把毛毡放入轴承盖内(轴承盖分组件),装在锥齿轮轴上。

(8) 用螺钉将轴承套连接好。

（9）将键配好，轻打装在轴上。

（10）压装齿轮，放上垫圈。

（11）拧紧螺母。

3）试车

试车前应仔细检查以下几个方面：检查零部件的连接形式是否正确；检查固定连接是否有间隙；检查活动连接能否灵活地按规定方向运动；检查各运动部件的接触面是否有足够的润滑，油路是否畅通；检查各密封处是否有渗漏现象；检查各运动件的操纵是否灵活，手柄是否在合适的位置上。检查合格后方可试车，试车时，先采用较低的速度，再逐步加速。

2. 螺纹连接件的装配

螺纹连接具有装配简单，调整、更换方便，连接可靠等优点，因而得到了广泛的应用。螺纹连接的类型如图 10-48 所示。

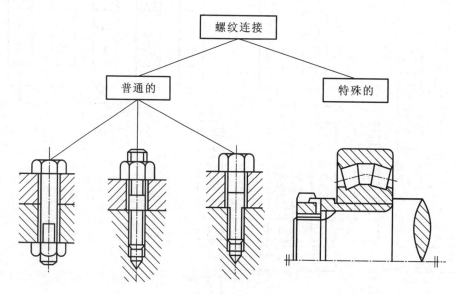

图 10-48 螺纹连接的类型

螺纹连接件装配的基本要求和注意事项如下。

（1）用螺母、螺栓、螺钉连接零件时，应做到用手能自动旋入螺母，然后再用扳手拧紧。其旋紧程度要合适，过紧会咬坏螺纹，过松会使连接件松动，受力后螺纹容易断裂。螺母端面应与连接件的轴线垂直，以使受力均匀。贴合面要平整、光洁，否则螺纹容易松动。为了提高贴合面的质量，可加垫圈。

（2）拧紧螺母时用力必须适当，用力过大会使螺柱断裂，用力过小则不能保证机器工作时稳定、可靠。装配时应使用润滑油，以免旋入时产生咬合现象，同时便于以后拆卸、更换零件。

（3）装配成组的螺钉、螺母时，为了保证零件贴合面受力均匀，应按一定的顺序拧紧，如图 10-49 所示。拧紧时要逐步进行，首先按顺序将所有螺母拧紧到 1/3 的程度，然后再拧紧到 2/3 的程度，最后将它们完全拧紧。

3. 滚动轴承的装配

滚动轴承内圈与轴、外圈与箱体或机架上的轴承孔的配合，一般采用较小的过盈配合或过渡配合。装配滚动轴承常用的方法及注意事项如下。

（1）装配前要做好准备工作。例如，检查轴承型号是否与图纸上所标的一致，清理轴承

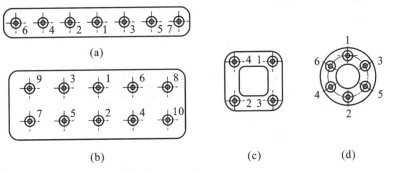

图 10-49　螺母拧紧的顺序

及相关零件,准备好所用工具。

（2）装配时,为了使轴承圈均匀受压,常通过垫套使用手锤或压力机将轴承压入。若将轴承压到轴上,要用垫套压轴承内圈的端面,如图 10-50（a）所示;若将轴承压到机架或箱体上的轴承孔中,要压轴承外圈的端面,如图 10-50（b）所示;若将轴承同时压到轴上和轴承孔中,则内、外圈的端面应同时加压,如图 10-50（c）所示。

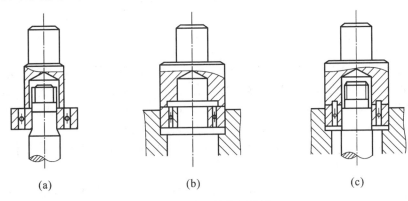

图 10-50　用垫套压轴承

（3）如果轴承与轴有较大的过盈配合,最好将轴承吊在温度为 80～90 ℃ 的机油中加热,然后趁热进行装配。

（4）轴承安装好以后,要检查滚动体是否被咬住,是否有合理的间隙,以补偿轴承工作时的热变形。

4．键连接的装配

机器传动轴上的齿轮、带轮、蜗轮等零件,多采用键连接来传递扭矩,常用的键有平键、楔键、滑键、花键等。

1）平键连接的装配

图 10-51 所示为平键连接的装配图。装配要求如下:装配后,键的两侧应有一定的过盈量,键的底面应与轴上键槽的底部接触,键的顶面与轮毂间要有一定的间隙。其装配方法是先清除键槽的锐边、毛刺,修配键侧和键槽的配合,将键配入键槽内,然后试装轮毂,若轮毂上的键槽与键配合太紧时,可修整轮毂的键槽,但不允许有松动。

2）楔键连接的装配

图 10-52 所示为楔键连接的装配图。楔键的形状和平键相似,不同的是楔键顶面带有一定的斜度。装配时,相应的轮毂键槽也要有同样的斜度。此外,楔键的一端有钩头,便于装卸。楔键除了传递扭矩外,还能承受单向轴向力。其装配要求如下:装配后,键的顶面和

底面分别与轮毂键槽和轴上的键槽贴紧,两侧面与键槽有一定的间隙。其装配方法与平键相同。

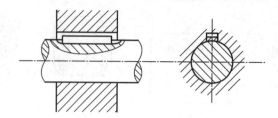

图 10-51　平键连接的装配图

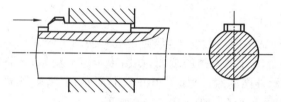

图 10-52　楔键连接的装配图

10.8.3　机器的拆卸

　　机器经过长期的使用后,某些零件会发生磨损和变形,使机器的精度和工作效率降低,这时就需要对机器进行检查和修理。修理时要对机器进行拆卸,拆卸工作的一般要求如下。

　　(1) 机器拆卸前,先要熟悉图纸,了解机器零部件的结构,弄清需要排除的故障和应修理的部位,确定拆卸方法和拆卸程序,盲目拆卸会使零件受损。

　　(2) 拆卸就是正确解除零部件相互间的约束。拆卸的顺序与装配顺序相反,即按先外后内、先上后下的顺序,依次进行拆卸。

　　(3) 拆卸时应尽量使用图 10-53 所示的常用的拆卸工具,以防损坏零件。应避免使用铁锤,一般使用铜锤或木槌敲击零件,或者用软材料垫在零件上进行敲击。

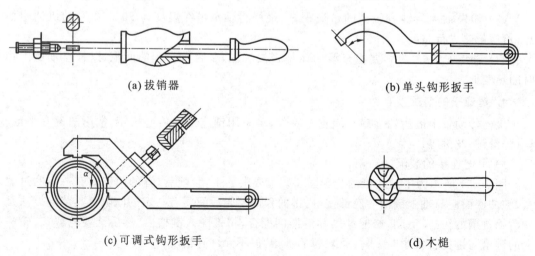

(a) 拔销器　　　　　　　　　　　(b) 单头钩形扳手

(c) 可调式钩形扳手　　　　　　　(d) 木槌

图 10-53　常用的拆卸工具

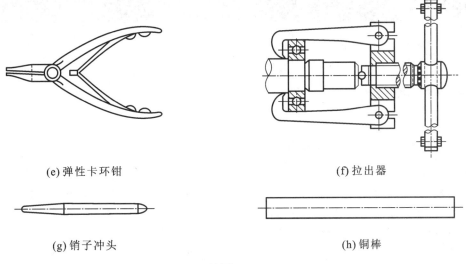

(e) 弹性卡环钳　　　　　　　　　　　　　(f) 拉出器

(g) 销子冲头　　　　　　　　　　　　　(h) 铜棒

续图 10-53

（4）拆卸时，对采用螺纹连接或锥度配合的零件，必须分辨清回旋方向。紧固件上的防松装置（如开口销等）在拆卸后一般要更换，避免再次使用时断裂而造成事故。

（5）有些零部件拆卸时要做好标记（如成套加工的或不能互换的零件等），以防装配时装错。零件拆下后要按次序摆放整齐，尽可能按原来的结构套在一起。对于细小的零件，如销子、止动螺钉等，拆卸后应立即拧上或插入孔中。对于丝杠等零件，要用布包好并用绳索将其吊起放置，以防弯曲变形。

10.8.4　装配质量与产品性能

装配是机器制造过程中的最后一个阶段。为了使产品达到规定的技术要求，装配不仅是零部件结合的过程，还包括调整、检验、油漆和包装等工作。

机器的质量是以机器的性能、使用效果、可靠性和使用寿命等指标来进行综合评定的。这些指标除了与产品结构设计的正确性和零件的制造质量有关外，还与机器的装配质量有密切的关系。

机器的质量，即产品的性能、使用效果、可靠性等，最终是通过装配工艺来保证的。若装配不当，即使零件的制造质量都合格，也不一定能够装配出合格的产品。反之，当零件的制造质量不是很好时，但只要在装配中采取合理的工艺措施，也能使产品达到规定的要求。因此，装配质量对保证产品性能起着十分重要的作用。

另外，通过机器的装配，还可以发现机器设计上的错误（如不合理的结构和尺寸等）和零件加工工艺中存在的问题，因此，机器装配环节也是机器生产过程中的最终检验环节。

第11章 数控加工

11.1 概述

11.1.1 数控机床的产生及发展

数控是数字控制的简称,是用数字信号形成的控制程序对一台或多台机械设备进行控制的一门技术。数控技术是制造业实现自动化、柔性化、集成化生产的基础。随着生产和科技的发展,机械产品的结构日趋复杂,制造精度和生产效率不断提高,因此对制造机械产品的相关设备提出了高性能、高精度的要求。

数控机床通常由程序介质、数控装置、伺服系统和机床主体四部分组成,它综合了计算机、自动控制、精密测量、机床制造及配套技术的最新成果,成功地解决了现代产品多样化、零件形状复杂化、产品研制周期短、精度要求高的难题,成为现代制造业的主流设备。目前,数控技术水平的高低和数控设备的拥有量,已经成为衡量一个国家综合国力和现代化技术水平的重要标准之一。

11.1.2 数控机床的分类及应用范围

数控机床的种类很多,规格不一,人们从不同的角度对其进行了分类。

1. 按运动轨迹分类

1) 点位控制数控机床

这类数控机床的特点是要求保证点与点之间的准确定位。它只能控制行程的终点坐标值,对于两点之间的运动轨迹没有严格要求。此类数控机床有数控钻床、数控镗床、数控冲床、三坐标测量机等。图 11-1 所示为点位控制钻孔加工示意图。

2) 直线控制数控机床

这类数控机床的特点是不仅要控制行程的终点坐标值,还要保证在两点之间机床的刀具走的是一条直线,而且在走直线的过程中往往要进行切削。此类数控机床有数控车床、数控铣床、数控磨床等。图 11-2 所示为直线控制切削加工示意图。

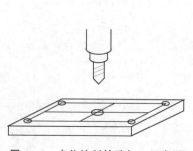

图 11-1 点位控制钻孔加工示意图

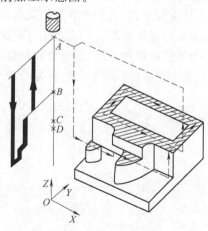

图 11-2 直线控制切削加工示意图

3）轮廓控制数控机床

这类数控机床的特点是不仅要控制行程的终点坐标值,还要保证两点之间的轨迹是一定的曲线,即这种机床必须能够对两个或两个以上坐标方向的同时运动进行严格的连续控制。图 11-3 所示为轮廓控制铣削加工示意图。

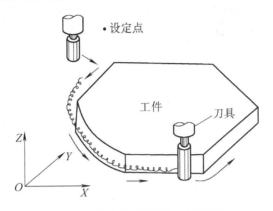

图 11-3　轮廓控制铣削加工示意图

2. 按伺服系统的类型分类

1）开环伺服系统数控机床

这类数控机床没有来自位置传感器的反馈信号,数控装置将零件程序处理后,输出数字指令信号给伺服系统,驱动机床运动。其优点是结构简单,较为经济,维护、维修方便,但是速度及精度较低,适用于精度要求不高的中小型机床,多用于对旧机床的数控化改造。图 11-4 所示为开环伺服系统。

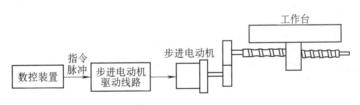

图 11-4　开环伺服系统

2）闭环伺服系统数控机床

这类数控机床上装有位置检测器,可以直接对工作台的位移进行测量。数控装置发出进给信号后,经过伺服系统使工作台移动,位置检测器检测出工作台的实际位移,并反馈到输入端,与指令信号进行比较,驱使工作台向使其差值减小的方向运动,直到差值等于零为止。其优点是精度高,但其系统设计和调整困难,结构复杂,成本高,主要用于一些精度要求很高的镗床、超精密车床、超精密铣床、加工中心等。图 11-5 所示为闭环伺服系统。

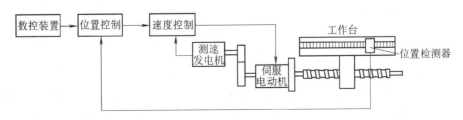

图 11-5　闭环伺服系统

3）半闭环伺服系统数控机床

这类数控机床采用安装在进给丝杠或电动机端头上的转角检测器测量丝杠的旋转角度,从而间接获得位置反馈信息。半闭环伺服系统的闭环环路内不包括丝杠、螺母副及工作台,因此可以获得稳定的控制特性。另外,由于采用了高分辨率的测量元件,因此可以获得比较满意的精度及速度。大多数数控机床都采用了半闭环伺服系统,如数控车床、数控铣床、加工中心等。图 11-6 所示为半闭环伺服系统。

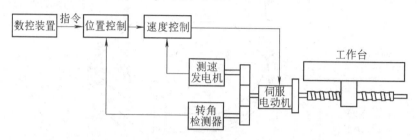

图 11-6　半闭环伺服系统

3. 按加工方式分类

1）金属切削类数控机床

金属切削类数控机床包括数控车床、数控钻床、数控磨床、数控铣床、数控齿轮加工机床、加工中心等。

2）金属成形类数控机床

金属成形类数控机床包括数控折弯机、数控弯管机、数控冲床等。

3）数控特种加工机床

数控特种加工机床包括数控线切割机床、数控激光切割机、数控火焰切割机等。

11.1.3　数控机床的发展趋势

为了满足现代科技发展的需要,世界上数控技术及数控设备的发展趋势体现在以下几个方面。

（1）运行速度和加工精度不断提高。运行速度和加工精度是数控设备的重要指标,它直接关系到生产加工效率和产品质量。计算机技术的不断进步和新材料的不断出现,促进了数控技术的长足发展,数控装置和进给伺服驱动装置的性能也随之提高,使得数控设备的运行速度和加工精度也不断提高。

（2）功能复合化。数控机床结构模块化设计思想的发展,使一台设备能够实现多种加工方法,如镗铣钻加工中心、可更换主轴箱的组合加工中心等。

（3）智能化。为了满足制造业生产柔性化、加工自动化的发展需求,人工智能技术在不断发展,数控技术的智能化程度在不断提高。

（4）开放化。开放式数控设备具有标准化、多样化和互换性的特征,能在不同的工作平台上实现系统功能和互操作,可对构件进行增减来构造系统。目前,美国、日本等国家正在发展开放式数控技术。

（5）驱动并联化。并联加工中心是数控机床在结构上取得的重大突破。

（6）网络化。支持网络通信协议,既能满足单机需要,又能满足固定网络与移动网络融合(FMC)、柔性制造系统(FMS)、计算机集成制造系统(CIMS)对基层设备集成要求的数控系统,今后仍是制造业发展的主流。

11.2 数控机床的组成及工作原理

11.2.1 数控机床的组成和特点

1. 数控机床的组成

数控机床主要由程序介质、数控装置、伺服系统、机床主体四部分组成,如图 11-7 所示。

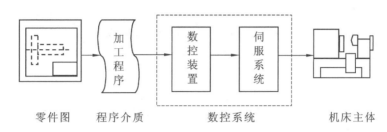

图 11-7 数控机床的组成

1）程序介质

程序介质用于记载机床加工零件的全部信息,如零件加工的工艺过程、工艺参数、位移数据、切削速度等。常用的程序介质有磁带、磁盘等,也有一些数控机床采用操作面板上的按钮和键盘将加工程序直接输入到数控系统中或通过串行接口将计算机上编写的加工程序输入到数控系统中。在计算机辅助设计与计算机辅助制造集成系统中,加工程序可以不需要任何载体而直接输入到数控系统中。

2）数控装置

数控装置是控制机床运动的中枢系统,它的基本任务是接收程序介质带来的信息,按照规定的控制算法进行插补运算,把它们转换为伺服系统能够接收的指令信号,然后将结果由输出装置输送到各坐标控制的伺服系统。

3）伺服系统

伺服系统由伺服驱动电动机和伺服驱动装置组成,是数控系统的执行部件。它的基本作用是接收数控装置发来的指令脉冲信号,控制机床执行部件的进给速度、方向和位移,以完成零件的自动加工。数控机床一般要求伺服系统具有快速响应的特性和较高的伺服精度。

通常,数控系统由数控装置和伺服系统两部分组成,各公司的数控产品也是将两者作为一体的。

4）机床主体

机床主体也称为主机,包括机床的主运动部件、进给运动部件、执行部件和基础部件,如底座、立柱、滑鞍、工作台、刀架、导轨等。数控机床与普通机床不同,它的主运动和各个坐标轴的进给运动都是由单独的伺服电动机驱动的,所以它的传动链短,结构比较简单。为了保证数控机床的快速响应特性,在数控机床上普遍采用了精密滚珠丝杠副和直线滚动导轨副。在加工中心上还配备有刀库和自动换刀装置,同时还有一些良好的配套设施,起冷却、自动排屑、自动润滑、防护的作用,以利于充分发挥数控机床的功能。此外,为了保证数控机床的高精度、高效率和高自动化加工,数控机床的其他机械结构也发生了很大的变化。

2. 数控机床的特点和适用范围

经过长时间的生产实践,和普通机床相比,数控机床具有如下加工特点。

(1) 加工精度高。

(2) 对加工对象的适应性强。

(3) 自动化程度高,劳动强度低。

(4) 生产效率高。

(5) 具有良好的经济效益。

(6) 有利于现代化管理。

根据数控机床的加工特点可以看出,最适合采用数控机床加工的零件有以下几种。

(1) 加工精度要求高,形状复杂,用普通机床无法加工或能加工但很难保证加工质量的零件。

(2) 用数学模型描述的复杂曲线或曲面轮廓零件。

(3) 具有难测量、难控制进给、难控制尺寸的不开敞内腔的壳体或盒型零件。

(4) 必须在一次装夹中合并完成铣削、镗削、铰削等多种工序的零件。

11.2.2 数控机床的工作原理

与普通机床相比,数控机床的工作原理可概括为以下几点。

(1) 根据被加工零件的图样与工艺规程,用规定的代码和程序格式编写加工程序,也就是形成数控机床的工作指令。

(2) 将所编写的加工程序输入数控装置。

(3) 数控装置将程序(代码)进行译码、运算之后,向机床各个坐标的伺服机构和辅助控制装置发出信号,以驱动机床的各运动部件,并控制所需要的辅助动作,最后加工出合格的零件。

11.2.3 数控机床的主要技术参数

1. 主要规格尺寸

数控车床的主要规格尺寸有床身上最大工件回转直径、刀架上最大工件回转直径、最大工件长度、最大车削直径等。数控铣床、加工中心的主要规格尺寸有工作台面尺寸、工作行程等。

2. 主轴系统

数控机床的主轴采用直流或交流电动机驱动,具有较宽的调速范围和较高的回转精度,主轴本身的刚度与抗振性比较好。现在数控机床的主轴转速普遍能达到 5 000～10 000 r/min,对提高加工质量非常有利。主轴转速可以通过操作面板上的转速倍率开关直接调整。

3. 进给系统

进给系统有进给速度、脉冲当量、定位精度和重复定位精度等主要技术参数。

1) 进给速度

进给速度是影响加工质量、生产效率和刀具寿命的主要因素,直接受到数控装置的运算速度和机床工艺系统的刚度的限制。进给速度可以通过操作面板上的进给速度倍率开关调整。

2) 脉冲当量

脉冲当量是指两个相邻分散细节之间可以分辨的最小间隔,是重要的精度指标。脉冲当量有两个方面的内容：一是机床坐标轴可达到的控制精度（可以控制的最小位移增量），表示数控装置每发出一个脉冲信号时坐标轴移动的距离，称为实际脉冲当量或外部脉冲当量；二是内部运算的最小单位，称为内部脉冲当量。一般，内部脉冲当量比实际脉冲当量设置得要小，目的是在运算过程中不损失精度。

脉冲当量是设计数控机床的原始数据之一，其数值的大小决定了数控机床的加工精度和加工表面质量。目前，数控机床的脉冲当量一般为 0.001 mm，精密或超精密数控机床的脉冲当量为 0.1 μm。脉冲当量越小，数控机床的加工精度和加工表面质量越高。

3）定位精度和重复定位精度

定位精度是指数控机床工作台等移动部件在确定的终点所达到的实际位置精度。移动部件实际位置与理想位置之间的误差称为定位误差。定位误差包括伺服系统误差、检测系统误差、进给系统误差和移动部件导轨的几何误差等。定位误差将直接影响零件加工的位置精度。

重复定位精度是指在同一台数控机床上，运用相同的程序、相同的代码加工一批零件所得到的连续结果的一致程度。重复定位精度受伺服系统的特性、进给系统的间隙与刚性，以及摩擦特性等因素的影响。一般情况下，重复定位精度是呈正态分布的，它会影响一批零件加工的一致性，是一项非常重要的性能指标。

对于中小型数控机床，定位精度一般为±0.01 mm，重复定位精度一般为±0.005 mm。

4. 刀具系统

数控车床刀具系统的主要技术参数包括刀库容量、刀杆尺寸、换刀时间、重复定位精度等。加工中心的刀库容量与换刀时间会直接影响生产效率。通常，中小型加工中心的刀库容量为 16～60 把，大型加工中心的刀库容量可达 100 把。换刀时间是指自动换刀系统将主轴上的刀具与刀库中的刀具进行交换所需要的时间。

 11.3 数控编程基础

11.3.1 数控编程的概念

数控编程是指将加工零件的加工顺序、刀具运动轨迹的尺寸数据、工艺参数（主运动速度、进给运动速度和切削深度等）以及辅助操作（换刀，主轴的正、反转，切削液的开、关，刀具的夹紧、松开等）等加工信息，用规定的文字、数字、符号组成的代码，按一定的格式编写成加工程序。

数控加工程序的编制过程主要包括分析零件图样、工艺处理、数学处理、编写零件程序和程序校验。

数控加工程序的编制方法主要有两种：手工编程和自动编程。

手工编程时，整个程序的编制过程是由人工完成的。这要求编程人员不仅要熟悉数控代码及编程规则，还必须具备机械加工工艺知识和数值计算能力。对于点位加工或几何形状不太复杂的零件，数控编程计算比较简单，程序段不多，采用手工编程即可实现。

自动编程是指用计算机把人们输入的零件图样信息改写成数控机床能执行的数控加工程序，即数控编程的大部分工作是由计算机完成的。目前常使用自动编程语言系统来实现自动编程，编程人员只需要根据零件图样及工艺要求，使用规定的数控编程语言编写一个较简短的零件程序，并将其输入计算机（或编程机），计算机（或编程机）就可以自动进行处理，计算出刀具中心轨迹,并输出数控加工程序。

11.3.2 机床坐标轴

为了简化编程方法和保证程序的通用性,对于数控机床的坐标轴和方向的命名,国际上制定了统一的标准,我国也做了相应的规定。

直线进给运动的坐标轴用 X、Y、Z 表示,称为基本坐标轴。X、Y、Z 坐标轴的相互关系用右手定则判定,如图 11-8 所示,图中大拇指的指向为 X 轴的正方向,食指的指向为 Y 轴的正方向,中指的指向为 Z 轴的正方向。

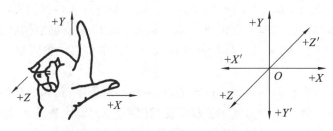

图 11-8　机床坐标轴

数控机床的进给运动,有的由主轴带动刀具运动来实现,有的由工作台带动工件运动来实现。上述坐标轴的正方向是假定工件不动,刀具相对于工件做进给运动的方向。如果是工件移动,则用加"′"的字母表示。按相对运动的关系,工件运动的正方向恰好与刀具运动的正方向相反,即

$$+X=-X',+Y=-Y',+Z=-Z'$$

数控铣床和数控车床的坐标轴方向如图 11-9 所示。

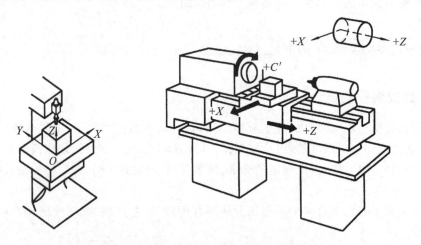

图 11-9　数控铣床和数控车床的坐标轴方向

11.3.3 机床坐标系、零点和参考点

机床坐标系是用来确定工件位置和机床运动的基本坐标系,机床坐标系的原点称为机床原点或机床零点。它是在机床设计、制造和调整后所确定的固定点。

为了正确地在机床工作时建立机床坐标系,通常在每个坐标轴的移动范围内设置一个机床参考点,它在靠近每个轴的正向极限位置内侧。机床参考点可以与机床零点重合,也可

以通过数控系统参数设置来确定机床参考点到机床零点的距离。数控铣床与数控车床的机床原点如图 11-10 所示。

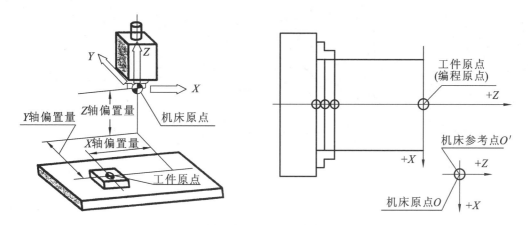

Y轴偏置量　Z轴偏置量　机床原点

X轴偏置量　工件原点

工件原点
(编程原点)　+Z

机床参考点O'

+X　+Z

机床原点O　+X

图 11-10　数控铣床与数控车床的机床原点

机床启动前,通常要通过自动或手动方式回到参考点。机床回到参考点有以下两个作用。

(1) 建立机床坐标系。

(2) 消除由于工作台漂移、变形等造成的误差。

机床使用一段时间后,工作台会有一些漂移,导致加工误差。每一次回到机床参考点的操作,可以使机床工作台回到标准位置,消除误差。所以在机床加工前,首先要进行返回机床参考点的操作。

机床坐标轴的机械行程是由最大和最小限位开关来决定的;机床坐标轴的有效行程是由软件限位来决定的,其值由系统参数设定。机床原点、机床参考点、机床坐标轴的机械行程与有效行程的关系如图 11-11 所示。

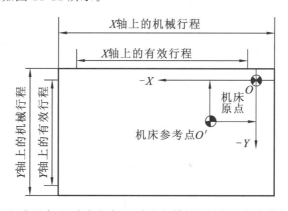

X轴上的机械行程

X轴上的有效行程

-X

机床
原点　O

机床参考点O'　-Y

图 11-11　机床原点、机床参考点、机床坐标轴的机械行程与有效行程的关系

11.3.4　工件坐标系、程序原点和对刀点

编程人员选择工件上的某一点(也称为程序原点)而建立起来的一个坐标系,称为工件坐标系。工件坐标系一旦建立,便一直有效,直到被新的工件坐标系取代。工件坐标系如图 11-12 所示。

选择工件坐标系的原点时应遵循以下原则。

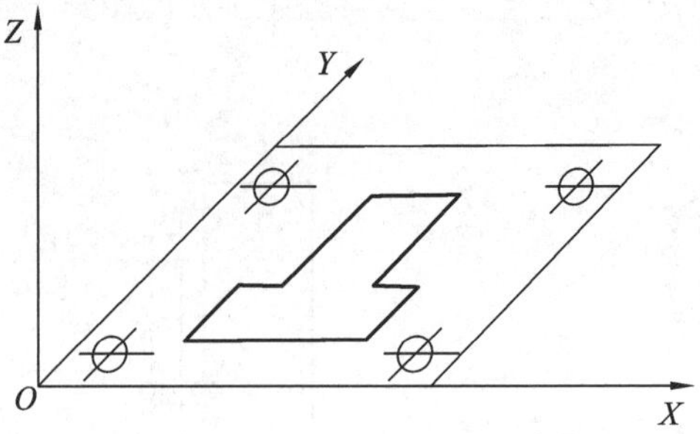

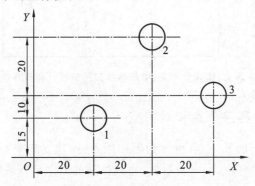

图 11-12　工件坐标系

（1）尽量使编程简单。

（2）尺寸换算少。

（3）引起的加工误差小。

（4）以坐标式尺寸标注的零件，常选择尺寸标注的基准点作为原点。

（5）对称零件或以同心圆为主的零件，原点通常选在对称中心线或圆心上。

（6）Z 轴的原点通常选在工件的上表面。

对刀点是零件加工的起点，对刀的目的是确定程序原点在机床坐标系中的位置，对刀点可与程序原点重合，也可在任何便于对刀之处，但该点与程序原点之间必须有确定的坐标联系。

11.3.5　绝对值编程和增量值编程

在加工程序中控制机床运动的移动量是用尺寸字来设定的，尺寸字有下述两种表达形式。

（1）绝对值指令方式，指令代码为 G90。绝对值指令也称为绝对指令，该指令方式设定程序段的尺寸字按绝对值坐标编程，即尺寸字是程序段的终点位置在指定坐标系中的坐标值（绝对值）。

（2）增量值指令方式，指令代码为 G91。增量值指令也称为相对指令，该指令方式设定程序段的尺寸字按相对值坐标编程，即尺寸字是程序段的终点位置相对于前一位置的增量值（相对值）。

如图 11-13 所示，刀具从工件原点 O 按顺序向点 1、2、3 移动，表 11-1 中给出了两种指令方式下各程序段的尺寸字的坐标值。

图 11-13　刀具从工件原点 O 按顺序向点 1、2、3 移动

表 11-1 两种指令方式下各程序段的尺寸字的坐标值

绝对值指令方式 G90			增量值指令方式 G91		
N	X	Y	N	X	Y
N001	X20.00	Y15.00	N001	X20.00	Y15.00
N002	X40.00	Y45.00	N002	X20.00	Y30.00
N003	X60.00	Y25.00	N003	X20.00	Y−20.00

11.3.6　零件程序的结构

零件程序是一组被传送到数控装置中去的指令和数据。它由遵循一定结构、句法和格式规则的若干个程序段组成,每个程序段由若干个指令字组成。程序的结构如图 11-14 所示。

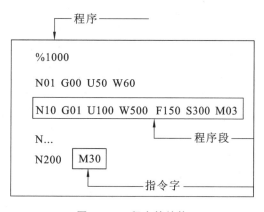

图 11-14　程序的结构

11.3.7　指令字的格式

指令字由地址符(指令字符)和带符号(如定义尺寸的字)或不带符号(如准备功能 G 代码)的数字数据组成。程序段中不同的指令字符及其后续数值确定了每个指令字的含义。

11.3.8　程序段的格式

一个程序段定义一个将由数控装置执行的指令行。程序段的格式定义了每个程序段中功能字的句法。程序段的格式如图 11-15 所示。

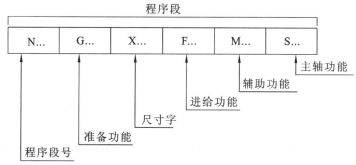

图 11-15　程序段的格式

11.3.9　程序的一般结构

零件程序必须包括起始符和结束符。零件程序是按程序段的输入顺序执行的,而不是按程序段号的顺序执行的,但编写程序时,建议按升序编写程序段号。

11.3.10　程序的文件名

数控装置可以输入许多程序文件,以磁盘文件的方式读写,通过调用文件名来调用程序,进行加工或编辑。文件名的格式为:O××××(O后面必须有四个数字或字母)。

11.4　数控车床

11.4.1　数控车床概述

数控车床主要用于加工各种回转表面,如圆柱表面、圆锥表面、成形回转表面等。由于大多数零件都具有回转表面,因此近年来,数控车床广泛应用于加工业,其中,卧式数控车床的应用最广泛。加工中心在主轴旋转将工件车削后,主轴还可以做分度或圆周进给运动进行铣削、钻削等工序,从而可以将工件表面上的几何要素全部加工完。这种加工中心的特点是工序高度集中。

11.4.2　数控车床的组成

数控车床又称为 CNC(Computer Numerical Control)车床,与普通车床相比,其结构上仍然由主机箱、刀架、进给系统、床身、液压系统、冷却系统、润滑系统等部分组成,只是数控车床的进给系统与普通车床的进给系统在结构上有着本质上的差别。普通车床主轴的运动经过挂轮架、进给箱、溜板箱传到刀架实现纵向和横向进给运动,而数控车床是采用伺服电动机将动力经滚珠丝杠传到滑板和刀架实现纵向和横向进给运动的。

1. 数控车床的布局

数控车床的主轴、尾座等部位相对于车身的布局形式与普通车床基本一致,而刀架和导轨的布局形式则发生了很大的变化,这是因为刀架和导轨的布局会直接影响数控车床的使用性能和外观。另外,数控车床上都设有封闭的保护装置。

1) 床身和导轨的布局

数控车床床身和导轨的布局形式如图 11-16 所示。

2) 刀架的布局

刀架作为数控车床的重要部件,其布局形式对数控车床的整体布局及工作性能有很大影响。目前,两坐标联动数控车床多采用 12 工位的回转刀架,也有采用 6 工位、8 工位、10 工位回转刀架的。回转刀架在数控车床上的布局有两种形式:一种是回转轴垂直于主轴;另一种是回转轴平行于主轴。

四坐标数控车床的床身上安装有两个独立的滑板和回转刀架,故称为双刀架四坐标数控车床。其上每个刀架的切削进给量是分别控制的,因此两个回转刀架可以同时切削同一个工件的不同部位,既扩大了加工范围,又提高了加工效率。

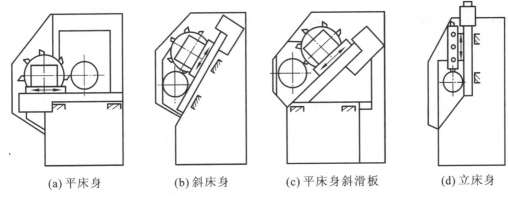

(a) 平床身　　　(b) 斜床身　　　(c) 平床身斜滑板　　　(d) 立床身

图 11-16　数控车床床身和导轨的布局形式

2. MJ-50 数控车床

图 11-17 所示为 MJ-50 数控车床的外观。MJ-50 数控车床为两坐标连续控制的卧式车床。如图 11-17 所示,床身为平床身,床身导轨面上支承着 30°倾斜布置的滑板,排屑方便。导轨的横截面为矩形,支承刚性好,且导轨上配有防护罩。床身上安装有主轴箱,主轴由交流伺服电动机驱动,免去了变速传动装置,因此使主轴箱的结构变得十分简单。为了快速而省力地装夹工件,主轴卡盘的夹紧与松开是由主轴尾部的液压缸来控制的。尾座有两种形式,一种是标准尾座,另一种是选择配置的尾座。滑板的倾斜导轨上安装有回转刀架,其刀盘上有 10 个工位。滑板上安装有 X 轴和 Z 轴的进给转动装置。

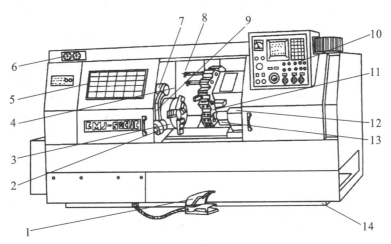

图 11-17　MJ-50 数控车床的外观

1—脚踏开关;2—对刀仪;3—主轴卡盘;4—主轴箱;5—机床防护门;6—压力表;7—对刀仪防护罩;
8—防护罩;9—对刀仪转臂;10—操作面板;11—回转刀架;12—尾座;13—滑板;14—床身

根据用户的要求,主轴箱的前端面上可以安装对刀仪,用于机床的机内对刀。检查刀具时,对刀仪转臂摆出,其上端的接触式传感测头对所用刀具进行检查。检查完毕后,对刀仪转臂摆回到图 11-17 中所示的位置,测头被锁在对刀仪防护罩中。

11.5　数控车床编程指令

11.5.1　数控车床编程要点

数控车床编程过程中应注意以下几点。

（1）数控车削编程时，根据被加工零件的图样标注尺寸，既可以使用绝对值编程，也可以使用增量值编程，还可使用二者混合编程。正确、合理地使用绝对值、增量值混合编程往往可以减少编程中的计算量，缩短程序段，简化程序。

（2）数控车床的径向 X 值均以直径值表示，以便与图样尺寸、测量尺寸相对应，当使用增量值编程时，径向的增量以实际位移量的两倍编写，并配以正负号以确定增量的方向。

（3）X 向脉冲当量为 Z 向的一半，以提高径向的尺寸精度。

（4）数控车削系统具有多种切削循环，如锥度切削循环、端面切削循环、螺纹切削循环等。编程时，可依据不同的毛坯材料和加工余量合理选用切削循环。

（5）数控车床具备刀尖半径补偿功能（G40、G41、G42 指令）。为了延长刀具的使用寿命和提高加工表面质量，在车削中，经常使用半径不大的圆弧刀尖进行切削，正确使用刀具补偿指令可使编程时直接依据零件轮廓尺寸编程，减小计算量，提高程序的通用性。在使用刀尖半径补偿指令时要注意选择正确的刀具补偿值与补偿方向号，以免产生过切、少切等情况。

（6）合理、灵活地使用系统给定的其他指令，如零点偏置指令、坐标系平移指令、返回参考点指令、直线倒角与圆弧倒角指令等，可以使程序运行起来简捷、可靠，充分发挥系统的功能。

（7）数控车削系统具有子程序调用功能，既可以实现一个子程序的多次调用，也可以实现子程序再调用子程序的多重嵌套调用。当程序中出现顺序固定、反复加工的要求时，采用子程序调用技术可缩短加工程序，使程序简单、明了，这在以棒料为毛坯的车削加工中尤为重要。

11.5.2　准备功能 G 指令

准备功能 G 指令由 G 和其后的两位数字组成，用来规定刀具和工件的相对运动轨迹、机床坐标系、坐标平面、刀具补偿、零点偏置等多种加工操作。

G 功能根据功能的不同分成若干组，其中 00 组的 G 功能称为非模态 G 功能，其余组的 G 功能称为模态 G 功能。非模态 G 功能只在规定的程序段中有效，程序段结束时被注销。模态 G 功能是一组可相互注销的 G 功能，这些 G 功能一旦被执行，就一直有效，直到被同一组的其他 G 功能注销为止。

某些模态 G 功能组中包含着一个默认 G 功能，数控装置上电时将被初始化为该功能。

不同组的 G 代码可以放在同一个程序段中，而且与顺序无关。例如，G90、G17 可与 G01 放在同一个程序段中。

华中数控世纪星 HNC-21T 数控车床 G 功能指令如表 11-2 所示。

表 11-2　华中数控世纪星 HNC-21T 数控车床 G 功能指令

G 代 码	组	功　　能	参数（后续地址字）
G00		快速定位	X, Z
▼G01	01	直线插补	同上
G02		顺圆插补	X, Z, I, K, R
G03		逆圆插补	同上
G04	00	暂停	P
G20	08	英寸输入	
▼G21		毫米输入	
G28	00	返回到参考点	X, Z
G29		由参考点返回	同上
G32	01	螺纹切削	X, Z
G36	16	直径编程	
▼G37		半径编程	
▼G40		刀尖半径补偿取消	
G41	09	左刀补	D
G42		右刀补	D
▼G54			
G55			
G56			
G57	11	零点偏置	
G58			
G59			
G65	00	宏指令简单调用	P, A~Z
G71		外径/内径车削复合循环	
G72	06	端面车削复合循环	X, Z, U, W, P, Q, R
G73		闭环车削复合循环	
G76		螺纹切削复合循环	
G80		内径/外径车削固定循环	
G81	01	端面车削固定循环	X, Z, I, K
G82		螺纹切削固定循环	
▼G90	13	绝对值编程	
G91		增量值编程	
G92	00	工件坐标系设定	X, Z
G94	14	每分钟进给	
G95		每转进给	

▼标记者为默认值。

11.5.3 辅助功能 M 指令

辅助功能 M 指令由 M 和其后的两位数字组成,主要用于控制机床各种辅助功能的开关动作,以及零件程序的走向。

M 功能有非模态 M 功能和模态 M 功能两种形式。非模态 M 功能只在编写了该代码的程序段中有效。模态 M 功能是一组可相互注销的 M 功能,这些功能在被同一组的另一个 M 功能注销前一直有效。

模态 M 功能组中包含着一个默认 M 功能,数控装置上电时将被初始化为该功能。

M 功能还可以分为前作用 M 功能和后作用 M 功能两类。前作用 M 功能在程序段编写的轴运动之前执行,后作用 M 功能在程序段编写的轴运动之后执行。

M 代码规定的功能对不同的机床制造厂来说是不完全相同的,可参考相关的说明书。

华中数控世纪星 HNC-21T 数控车床 M 功能指令如表 11-3 所示。

表 11-3   华中数控世纪星 HNC-21T 数控车床 M 功能指令

M 代 码	模 态	功能说明	M 代 码	模 态	功能说明
M00	非模态	程序暂停	M03	模态	主轴正转启动
M02	非模态	程序结束	M04	模态	主轴反转启动
M30	非模态	程序结束并返回程序起点	▼M05	模态	主轴停止转动
M98	非模态	子程序调用	M07	模态	切削液打开
M99	非模态	从子程序返回	▼M09	模态	切削液停止

▼标记者为默认值。

11.5.4   CNC 内定的辅助功能指令

1. 程序暂停 M00

当 CNC 执行到 M00 指令时,将暂停执行当前程序,以方便操作者进行工件的尺寸测量、工件调头、手动变速等操作。

暂停时,机床的进给停止,而全部现存的模态信息保持不变,若要继续执行后续程序,需要按操作面板上的"循环启动"键。M00 为非模态后作用 M 功能。

2. 程序结束 M02

M02 一般放在主程序的最后一个程序段中。当 CNC 执行到 M02 指令时,机床的主轴、进给、切削液全部停止,加工结束。

使用 M02 的程序结束后,若要重新执行该程序,需要重新调用该程序或在自动加工子菜单下按 F4 键,然后按操作面板上的"循环启动"键。M02 为非模态后作用 M 功能。

3. 子程序调用 M98 及从子程序返回 M99

M98 用来调用子程序。

M99 表示子程序结束,执行 M99 使控制返回到主程序。

11.5.5 PLC 设定的辅助功能

1. 主轴功能 M03、M04、M05

M03 启动主轴以程序中编制的主轴速度顺时针旋转。

M04 启动主轴以程序中编制的主轴速度逆时针旋转。

M05 使主轴停止转动。

M03、M04 为模态前作用 M 功能；M05 为模态后作用 M 功能，M05 为默认功能。此外，M03、M04、M05 可相互注销。

2. 切削液打开、停止 M07、M09

M07 用来打开切削液管道。

M09 用来关闭切削液管道。

M07 为模态前作用 M 功能；M09 为模态后作用 M 功能，M09 为默认功能。

11.5.6 主轴功能 S、进给功能 F 和刀具功能 T

1. 主轴功能 S

主轴功能 S 控制主轴转速，其后的数值表示主轴速度，单位为转/每分钟(r/min)。

2. 进给功能 F

F 指令表示工件被加工时刀具相对于工件的合成进给速度，单位取决于 G94(每分钟进给量 mm/min)或 G95(主轴每转一转刀具的进给量 mm/r)。

3. 刀具功能 T

T 指令用于选刀，其后的 4 位数字分别表示选择的刀具号和刀具补偿号。T 指令与刀具的关系是由机床制造厂规定的，可以参考相关的说明书。

11.6 数控车床的基本操作

11.6.1 数控装置

华中数控世纪星 HNC-21T 数控车床的操作面板为标准结构，其结构美观，体积小巧，操作起来很方便，如图 11-18 所示。

1. 液晶显示器

操作面板的左上部为彩色液晶显示器，其分辨率为 640×480，用于汉字菜单、系统状态、故障报警的显示和加工轨迹的图形仿真。

2. NC 键盘

NC 键盘用于零件程序的编写、参数的输入、MDI 及系统管理操作等。它包括精简型 MDI 键盘和 F1～F10 十个功能键。F1～F10 十个功能键位于液晶显示器的正下方。

3. 机床控制面板

机床控制面板用于直接控制机床的动作或加工过程。机床控制面板的大部分按键位于操作面板的下部。

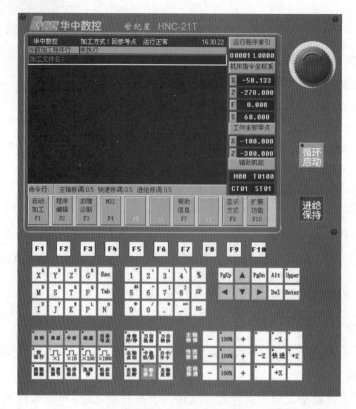

图 11-18　华中数控世纪星 HNC-21T 数控车床的操作面板

4. MPG 手持单元

MPG 手持单元由手摇脉冲发生器、坐标轴选择开关组成,用于手摇方式增量进给坐标轴。

11.6.2　数控车床的手动操作

1. 电源接通与断开

合上总电源开关后,先检查电源电压、接线和车床状态是否正常,按下"急停"按钮,然后车床和数控系统上电。断开前同样需要先按下"急停"按钮,以减少电源对数控系统的冲击。

2. 紧急停止与复位

车床运行过程中,当出现危险或紧急情况时,按下"急停"按钮,中止系统控制,CNC 进入急停状态。松开"急停"按钮,CNC 进入复位状态。

3. 超程解除

当某轴出现超程时,CNC 处于急停状态,显示超程报警。若要退出超程状态,必须松开"急停"按钮,一直按着"超程解除"按钮,同时在手动方式下,控制该轴向相反方向退出超程状态。

4. 方式选择

通过方式选择按钮,选择车床的工作方式,有以下几种方式可供选择。

（1）自动。

（2）单段。

（3）手动。

（4）增量。

（5）回参考点。

5. 增量进给

增量进给的增量值由"×1""×10""×100""×1000"四个增量倍率按钮控制。增量倍率按钮和增量值的对应关系如表 11-4 所示。

表 11-4　增量倍率按钮和增量值的对应关系

增量倍率按钮	×1	×10	×100	×1000
增量值/mm	0.001	0.01	0.1	1

11.6.3　程序编辑

在主操作界面菜单下按 F2 键会出现表 11-5 所示的程序编辑子菜单。

表 11-5　程序编辑子菜单

文件管理	选择编辑程序	编辑当前程序	保存文件	文件另存为	删除一行	查找	继续查找替换	替换	返回
F1	F2	F3	F4	F5	F6	F7	F8	F9	F10

1. 文件管理

在程序编辑子菜单下按 F1 键，会弹出文件管理子菜单，有"新建目录/更改文件名/拷贝文件/删除文件"可供选择。

（1）新建目录。在指定的磁盘或目录下建立一个新目录，新目录名不能与指定的磁盘或目录下已经存在的文件目录同名，否则，新建目录将会失败。

（2）更改文件名。将指定的磁盘或目录下的一个已经存在的文件名更改成其他文件名，更改后的新文件名不能与指定的磁盘或目录下已经存在的文件名相同。

（3）拷贝文件。将指定的磁盘或目录下的一个已经存在的文件拷贝到其他磁盘或目录下。拷贝的文件不能和指定的磁盘或目录下已经存在的文件同名，否则，拷贝文件将会失败。

（4）删除文件。将指定的磁盘或目录下的一个已经存在的文件彻底删除。文件如果是只读的，系统将不会删除此文件。

2. 选择编辑程序

在程序编辑子菜单下按 F2 键，会弹出选择编辑程序子菜单，有"磁盘程序/当前通道正在加工的程序"可供选择。

（1）磁盘程序。用于选择保存在电子盘、硬盘或软盘上的文件，还可用于生成一个新文件。

（2）当前通道正在加工的程序。用于快捷选择刚加工完毕或自动加工运行中出错的程序。如果程序处于正在加工的状态，编辑器会用红色的亮条标记当前正在加工的程序行，系统编辑器禁止编辑当前正在加工的程序行。对于自动加工运行中出错的程序，应先结束运行，再选择此项，快捷调出程序，重新编辑、修改程序。

3. 编辑当前程序

编辑当前程序的前提是编辑器已经获得了一个编辑程序。如果在编辑的过程中退出了编辑模式，在程序编辑子菜单下按 F3 键，即可使当前程序恢复编辑状态。

4. 保存文件

在程序编辑子菜单下按 F4 键，可以保存当前程序。如果存盘操作不成功，系统将会给出提示信息，此时可用"文件另存为"功能，将此文件保存为其他的文件名。

5. 文件另存为

该功能用于将当前正在编辑的文件保存为新的文件名。在程序编辑子菜单下按 F5 键，通过文件名编辑框输入新的文件名。

6. 删除一行

该功能用于删除正处于编辑状态的程序中的某一行。将光标移到要删除的程序行，在程序编辑子菜单下按 F6 键，光标所在的程序行将自动被删除。

7. 查找

在程序编辑子菜单下按 F7 键，将弹出"查找"对话框，输入要查找的字符串，按 Enter 键确认。查找总是从光标处开始向程序结尾进行，到程序结尾后再从程序的起始位置继续往下查找。

8. 替换

该功能用于修改、替换字符串。在程序编辑子菜单下按 F9 键，输入要替换的字符串，按 Enter 键确认。

9. 继续查找替换

在已经有过查找或替换操作时，可以按 F8 键从光标处开始继续查找或替换。F8 键的功能取决于上一次的操作是查找还是替换，如果上次是查找某字符串，则此次按 F8 键的功能是进行上一次的字符串的查找。

10. 编辑器的快捷键

Ctrl＋Home：将光标移到程序开头。

Ctrl＋End：将光标移到程序结尾。

Insert：在插入状态和非插入状态之间进行切换。

Caps Lock：大小写状态切换。

Delete：删除光标后的字符，光标位置不变，余下的字符左移一个字符的位置。

Pape Up：将编辑程序向程序首滚动一屏，光标位置不变。如果到了程序的开头，则光标移到程序首行的第一个字符位置。

Pape Down：将编辑程序向程序尾滚动一屏，光标位置不变。如果到了程序的结尾，则光标移到程序最后一行的第一个字符位置。

Backspace：删除光标前面的一个字符，光标向前移动一个字符的位置，余下的字符左移一个字符的位置。

Home：将光标移到光标所在行的开头。

End：将光标移到光标所在行的末尾。

◀：将光标左移一个字符的位置。

▶：将光标右移一个字符的位置。

▲：将光标上移一行。

▼：将光标下移一行。

11.6.4　MDI运行操作

在主操作界面菜单下按 F4 键会出现表 11-6 所示的 MDI 功能子菜单。

表 11-6　MDI 功能子菜单

刀库表	刀具表	坐标系	返回断点	重新对刀	MDI 运行	MDI 清除	对刀	显示方式	返回
F1	F2	F3	F4	F5	F6	F7	F8	F9	F10

在 MDI 功能子菜单下按 F6 键,进入 MDI 运行方式,命令行的底色变成白色,并有光标闪烁。此时,可以从 NC 键盘输入并执行一个 G 代码指令段,即"MDI 运行"。在自动运行过程中,不能进入 MDI 运行方式,可在进给保持后进入。

1. 输入 MDI 指令段

MDI 输入的最小单位是一个有效指令字。因此输入一个 MDI 指令段可以有下述两种方法。

（1）一次输入,即一次输入多个指令字信息。

（2）多次输入,即每次输入一个指令字信息。

2. 运行 MDI 指令段

在输入完一个 MDI 指令段后,按一下操作面板上的"循环启动"键,系统就会开始运行所输入的 MDI 指令。如果输入的 MDI 指令信息不完整或存在语法错误,系统会提示相应的错误信息,此时系统不能运行 MDI 指令。

3. 修改某一字段的值

在运行 MDI 指令之前,如果要修改输入的某一字段的值,可直接在命令行上输入相应的指令字及数值。

4. 清除当前输入的所有尺寸字数据

在输入 MDI 数据后,按 F7 键可清除当前输入的所有尺寸字数据（其他指令字依然有效）,显示窗口内 X、Z、I、K、R 等字符后面的数据全部消失。此时,可重新输入新的数据。

5. 停止当前正在运行的 MDI 指令

当系统正在运行 MDI 指令时,按 F7 键可停止 MDI 指令的运行。

11.7　数据设置

该部分主要介绍数控车床的数据设置操作,包括坐标系数据设置、刀库数据设置、刀具数据设置等,除此之外,还列举了一些数控车削加工实例。

11.7.1　坐标系数据设置

MDI 输入坐标系数据的操作步骤如下。

（1）在 MDI 功能子菜单下按 F3 键,进入坐标系手动数据输入方式,图形显示窗口首先显示 G54 坐标系数据。

（2）按 PgDn 或 PgUp 键,选择要输入的数据类型:G54/G55/G56/G57/G58/G59 坐标系、当前工件坐标系的偏置值(坐标系零点相对于机床零点的值)。

（3）在命令行输入所需数据,如输入"X0　Z0",并按 Enter 键,将设置 G54 坐标系的 X 及 Z 的偏置值分别为 0,0。

（4）若输入正确,图形显示窗口的相应位置将会显示修改过的值,否则,系统将保持原值不变。

需要注意的是,在编辑过程中,在按 Enter 键之前,按 Esc 键可退出编辑,此时输入的数据将丢失,系统将保持原值不变。下同。

11.7.2　刀库数据设置

MDI 输入刀库数据的操作步骤如下。

（1）在 MDI 功能子菜单下按 F1 键,进行刀库数据设置,图形显示窗口出现刀库数据。

（2）用▲、▼、▶、◀、PgUp、PgDn 键移动蓝色亮条选择要编辑的选项。

（3）按 Enter 键,蓝色亮条所指刀库数据的颜色和背景都会发生变化,同时光标会闪烁。

（4）用▶、◀、BS、Del 键进行编辑和修改。

（5）修改完毕后按 Enter 键确认。

（6）若输入正确,图形显示窗口的相应位置将会显示修改过的值,否则,系统将保持原值不变。

11.7.3　刀具数据设置

MDI 输入刀具数据的操作步骤如下。

（1）在 MDI 功能子菜单下按 F2 键,进行刀具数据设置,图形显示窗口出现刀具数据。

（2）用▲、▼、▶、◀、PgUp、PgDn 键移动蓝色亮条选择要编辑的选项。

（3）按 Enter 键,蓝色亮条所指刀具数据的颜色和背景都会发生变化,同时光标会闪烁。

（4）用▶、◀、BS、Del 键进行编辑和修改。

（5）修改完毕后按 Enter 键确认。

（6）若输入正确,图形显示窗口的相应位置将会显示修改过的值,否则,系统将保持原值不变。

11.7.4　数控车削加工实例

【例 11-1】　端面及外圆数控车削加工实例

车削加工图 11-19 所示的零件,材料为 45 钢,需要加工端面、外圆,并且切断。毛坯为 $\phi45$ mm×140 mm 的圆棒料。

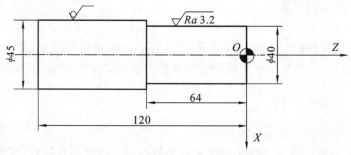

图 11-19　端面及外圆数控车削零件

端面及外圆数控车削程序如表 11-7 所示。

表 11-7　端面及外圆数控车削程序

程　　序	注　　释
00001	程序编号
N0010 G92 X100.0 Z100.0;	工件坐标系设定
N0020 G90;	采用绝对值编程
N0030 M06 T0101;	调用 1 号刀具
N0040 M03 S600 M07;	主轴顺时针旋转,打开切削液,主轴转速为 600 r/min
N0050 G00 X46.0 Z0.0;	快速走到车端面始点(46.0,0.0)
N0060 G01 X−1.0 Z0.0 F0.2;	车端面
N0070 G00 X−1.0 Z1.0;	退刀
N0080 G00 X100.0 Z100.0;	回换刀点
N0090 M06 T0202;	换 2 号 90°偏刀
N0100 G00 X40.0 Z1.0;	快速走到粗车始点(40.0,1.0)
N0110 G01 X40.0 Z−64.0 F0.3;	粗车外圆
N0120 G00 X100.0 Z100.0;	回换刀点
N0130 M06 T0303;	换 3 号 90°偏刀
N0140 G00 X40.0 Z1.0;	快速走到精车始点(40.0,1.0)
N0150 M03 S1000;	主轴顺时针旋转,主轴转速为 1000 r/min
N0160 G01 X40.0 Z−64.0 F0.05;	精车 ϕ40.0 mm 外圆到指定尺寸
N0170 G00 X100.0 Z100.0;	回换刀点
N0180 M06 T0404;	换 4 号切断刀
N0190 G00 X50.0 Z124.0;	快速走到切断始点(50.0,124.0)
N0200 G01 X−1.0;	切断
N0210 G01 X50.0;	退刀
N0220 G00 X100.0 Z100.0;	回换刀点
N0230 T0400;	取消刀补
N0240 M05 M09;	主轴停止转动,切削液停止
N0250 M30;	程序结束

【例 11-2】　轴类零件数控车削加工实例

在数控车床上加工一个图 11-20 所示的轴类零件,该零件由外圆柱面、外圆锥面、圆弧面构成,零件的最大外径是 38 mm,所选取的毛坯为 ϕ40 mm×80 mm 的圆棒料,材料为 45 钢。

轴类零件数控车削程序如表 11-8 所示。

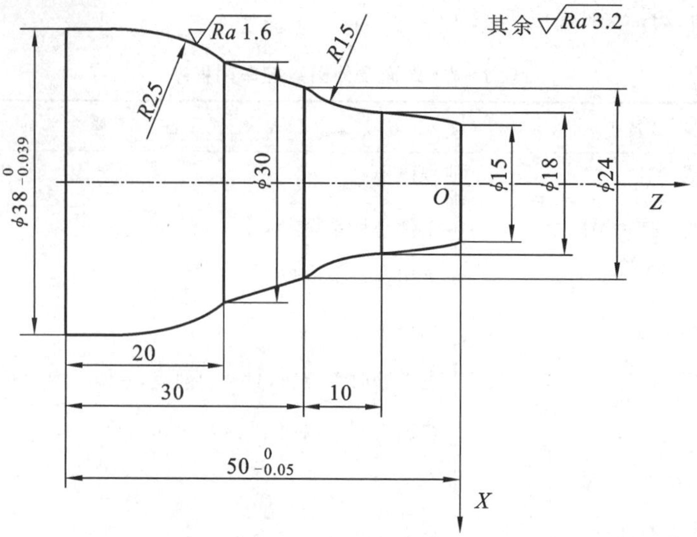

图 11-20　轴类零件

表 11-8　轴类零件数控车削程序

程　　　　　序	注　　释
00003	程序编号
N0010 G92 X100.0 Z100.0;	工件坐标系设定
N0020 M06 T0101;	调用 1 号刀具
N0030 M03 S450 M07;	主轴顺时针旋转,打开切削液
N0040 G90 G00 X42.0 Z2.0;	快速移动至(42.0,2.0)
N0050 G01 Z0 F0.25;	移到车端面始点
N0060 X−1.0;	车端面
N0070 G90 G00 X100.0 Z100.0;	回换刀点
N0080 T0100;	取消刀补
N0090 M06 T0202 S700;	换 2 号刀具
N0095 G00 X50.0 Z2.0;	快进至粗车循环起点
N0100 G71 U2.0 W0 R1.0 P110 Q170 X0.5 Z0 F0.3;	调用粗车循环
N0110 G01 X15.0 Z2.0;	快进至加工起点
N0120 Z0;	到达端面
N0130 G01 X18.0 Z−10.0;	车锥面
N0140 G02 X24.0 Z−20.0 R15.0;	车 $R15$ mm 过渡圆弧
N0150 G01 X30.0 Z−30.0;	车锥面
N0160 G03 X37.98 Z−45.0 R25.0;	车 $R25$ mm 过渡圆弧
N0170 G01 Z−52.0;	车 $\phi38$ mm 外圆
N0180 G90 G00 X100.0 Z100.0;	回换刀点

程　　序	注　　释
N0190 T0200；	取消刀补
N0200 M06 T0303 S600；	换 3 号刀具
N0210 G90 G00 X42.0 Z−54.0；	快速移动至(42.0，−54.0)
N0220 G01 X−1.0 Z0.1；	切断(假定刀具宽 4 mm)
N0230 G90 G00 X100.0 Z100.0；	回换刀点
N0240 T0300；	取消刀补
N0250 M05 M09；	主轴停止转动，切削液停止
N0260 M30；	程序结束

【例 11-3】 带螺纹的轴类零件数控车削加工实例

在数控车床上加工一个图 11-21 所示的带螺纹的轴类零件，该零件由外圆柱面、槽、螺纹等构成，零件的最大外径为 28 mm，材料为 45 钢，所选择的毛坯为 $\phi30$ mm×90 mm 的圆棒料。

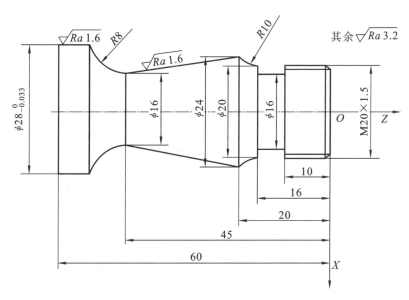

图 11-21　带螺纹的轴类零件

带螺纹的轴类零件数控车削程序如表 11-9 所示。

表 11-9　带螺纹的轴类零件数控车削程序

程　　序	注　　释
00008	程序编号
N0010 G92 X80.0 Z100.0；	工件坐标系设定
N0020 M06 T0101；	调用 1 号刀具
N0030 M03 S500 M07；	主轴顺时针旋转，打开切削液

程　序	注　释
N0040 G90 G00 X32.0 Z2.0;	快速移动至(32.0,2.0)
N0050 G01 Z0 F0.2;	移到车端面始点
N0060 X−1.0;	车端面
N0070 G90 G00 X80.0 Z100.0;	回换刀点
N0080 T0100;	取消刀补
N0090 M06 T0202;	换2号刀具
N0100 S600;	主轴以600 r/min的转速顺时针旋转
N0110 G00 X32.0 Z3.0;	到循环起点位置
N0120 G71 U1.0 R1.0 P140 Q210 E0.3 F0.3;	有凹槽的粗切循环加工
N0130 G00 X80.0 Z100.0;	粗加工后,到换刀点位置
N0135 T0200;	取消刀补
N0140 M06 T0303;	换3号刀具
N0150 G01 X18.0 Z1.0 F0.15;	精加工轮廓开始,到倒角延长线处
N0160 G01 X20.0 Z−0.5;	精加工3×45°角
N0170 Z−16.0;	精加工ϕ20 mm外圆
N0180 G03 X24.0 Z−20.0 R10.0;	精加工R10 mm圆弧
N0190 G01 X1.0 Z−45.0;	精加工下切锥
N0200 G02 X28.0 Z−53.0 R8.0;	精加工R8 mm圆弧
N0210 G01 Z−62.0;	精加工ϕ28 mm外圆
N0220 G90 G00 G40 X80.0 Z100.0;	退出已加工表面,精加工轮廓结束
N0230 T0300;	取消刀补
N0240 M06 T0404 S500;	换4号刀具
N0250 G90 G00 X32.0 Z−16.0;	快速移至(32.0,−16.0)
N0260 G01 X20.0 F0.5;	接近工件表面
N0270 G01 X16.0 F0.08;	切槽(假定刀具宽4 mm)
N0280 G01 X22.0 F0.5;	退刀
N0290 Z−14.0;	移动至(22.0,−14.0)
N0300 G01 X16.0 F0.8;	切槽
N0310 G01 X22.0 F0.5;	退刀
N0320 G90 G00 X80.0 Z100.0;	回换刀点
N0330 T0400;	取消刀补
N0340 M06 T0505;	换5号刀具
N0350 G90 G00 X25.0 Z4.0;	快速移动至(25.0,4.0)

程　序	注　释
N0360 G82 X19.05 Z－14.0 F1.5；	车螺纹
N0370 G82 X18.55 Z－14.0 F1.5；	车螺纹
N0380 G82 X18.3 Z－14.0 F1.5；	车螺纹
N0390 G82 X18.15 Z－14.0 F1.5；	车螺纹
N0400 G82 X18.05 Z－14.0 F1.5；	车螺纹
N0410 G90 G00 X80.0 Z100.0；	回换刀点
N0420 T0500；	取消刀补
N0430 M06 T0404；	换4号刀具
N0440 G90 G00 X32.0 Z－64.0；	快速移动至切断始点
N0450 G01 X－1.0 F0.08；	切断(假定刀具宽4 mm)
N0460 G90 G00 X80.0 Z100.0；	回换刀点
N0470 T0400；	取消刀补
N0480 M05 M09；	主轴停止转动,切削液停止
N0490 M30；	程序结束

 ## 11.8　数控铣床

11.8.1　数控铣床概述

数控铣床是一种功能很强大的数控机床,它加工范围广、工艺复杂、涉及的技术问题多。目前迅速发展的加工中心、柔性制造系统等都是在数控铣床的基础上产生和发展起来的。数控铣床主要用于加工平面和曲面轮廓的零件,还可用于加工复杂零件,如凸轮、模具、螺旋槽等。

11.8.2　数控铣床的组成

数控铣床的机械结构主要由以下几部分组成。

(1) 主传动系统,包括动力源、传动件及主运动执行件(主轴)等,其作用是将驱动装置的运动及动力传给主运动执行件,以实现主切削运动。

(2) 进给传动系统,包括动力源、传动件及进给运动执行件(工作台、刀架)等,其作用是将伺服驱动装置的运动与动力传给进给运动执行件,以实现进给切削运动。

(3) 基础支承件,包括床身、立柱、导轨、滑座等,其作用是支承机床的各主要部件,并使它们在静止或运动时保持相对正确的位置。

(4) 辅助装置,包括自动换刀系统、液压气动系统、润滑冷却装置等。

图11-22所示为XK5040A数控铣床的外形。床身固定在底座上,用于安装和支承机床各部件。操纵台上有显示器、机床操作按钮,以及各种开关和指示灯。纵向工作台、横向溜板安装在升降台上,通过纵向进给伺服电动机、横向进给伺服电动机和垂直升降伺服电动机

的驱动,完成 X、Y、Z 坐标进给。强电柜中装有机床电气部分的接触器、继电器等。变压器箱安装在床身立柱的后面。数控柜内装有机床数控系统。变速手柄和按钮板用于手动调整主轴的正转、反转、停止,以及切削液的打开、停止等。

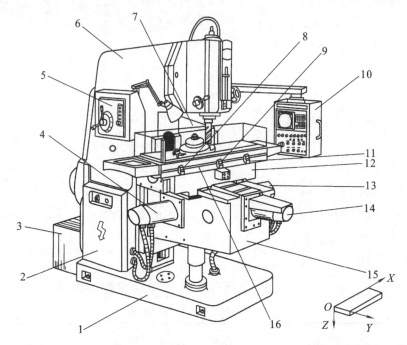

图 11-22   XK5040A 数控铣床的外形

1—底座;2—强电柜;3—变压器箱;4—垂直升降伺服电动机;5—变速手柄和按钮板;6—床身;7—数控柜;

8,11—保护开关;9—挡铁;10—操纵台;12—横向溜板;13—纵向进给伺服电动机;14—横向进给伺服电动机;

15—升降台;16—纵向工作台

11.8.3 数控铣床的分类

数控铣床可以分为立式数控铣床、卧式数控铣床和立卧两用式数控铣床,各类铣床的数控系统不同,其功能也不完全相同。

立式数控铣床的主轴和工作台垂直,适用于加工平面凸轮、形状复杂的平面或立体零件,以及模具的内、外型腔等。一般情况下,数控铣床控制的坐标轴越多,其功能越强大,可供选择的加工对象也越多。立式数控铣床如图 11-23 所示。

卧式数控铣床的主轴平行于水平面,为了扩大加工范围、扩充功能,常采用增加数控转盘或万能数控转盘的方法来实现四轴或五轴坐标加工,这样可以省去很多专用夹具或专用角度成形铣刀。卧式数控铣床如图 11-24 所示。

立卧两用式数控铣床如图 11-25 所示,在一台机床上既能进行立式加工,又能进行卧式加工。立卧两用式数控铣床的主轴方向可以更换,更换方法有手动和自动两种,还可以配上数控万能主轴头,主轴头可以任意转换方向,柔性极好,因此,这类数控铣床适合于加工复杂的箱体类零件。

另外,数控铣床按照体积来分可以分为小型数控铣床、中型数控铣床和大型数控铣床。

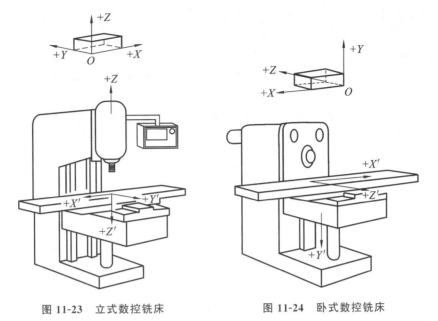

图 11-23　立式数控铣床　　　　　图 11-24　卧式数控铣床

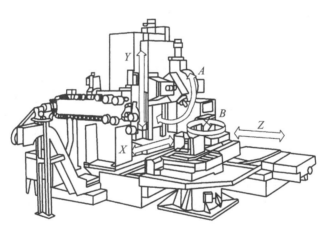

图 11-25　立卧两用式数控铣床

11.8.4　数控铣床的工作原理

数控加工程序提供了刀具运动的起点、终点和运动轨迹,而刀具怎么从起点沿运动轨迹走向终点,则由数控系统的插补装置或插补软件来控制。严格说来,为了满足加工要求,刀具的运动轨迹应该准确地按零件的轮廓形状生成。但是,对于复杂的曲线轮廓,直接计算刀具的运动轨迹非常复杂,计算量很大,不能满足数控加工的实时控制要求。因此,在实际应用中,是用一小段直线或圆弧去逼近(或称为拟合)零件的轮廓曲线,即通常所说的直线或圆弧插补。某些高级的数控系统中,还具有抛物线、螺旋线插补功能,可以完成在轮廓起点和终点之间的中间点的坐标值计算。目前,普遍应用的插补算法为脉冲增量插补和数据采样插补两大类。

数控铣床的加工过程如下。

(1) 根据被加工零件的形状、尺寸、材料及技术要求等,制定工件加工的工艺过程、刀具相对于工件的运动轨迹、切削参数及辅助动作顺序等,进行零件加工的程序设计。

（2）用规定的代码和程序格式编写零件加工程序单。

（3）按照程序单上的代码制作控制介质。

（4）通过输入装置把加工程序输入数控装置。

（5）启动机床后，数控装置根据输入的信息进行一系列的运算和控制处理，将结果以脉冲形式送往机床的伺服系统（如步进电动机、直流伺服电动机等）。

（6）伺服系统驱动机床的运动部件，使机床按程序预定的轨迹运动，从而加工出合格的零件。

11.9 数控铣床编程指令

11.9.1 数控铣床编程要点

数控编程的指令，主要有 G、M、S、T、X、Y、Z 等，基本都已实现标准化，但不同的数控系统所编的程序不能完全通用，需要参照相应数控系统的编程说明书。

1. 规定

编程时应遵循以下规定。

（1）当前程序段（句）的终点为下一程序段（句）的起点。

（2）上一程序段（句）中出现的模态值，下一程序段（句）中如果不变可以省略，X、Y、Z 坐标如果没有移动可以省略。

（3）程序的执行顺序与程序编号无关，按程序段（句）书写的先后顺序执行。

（4）在同一程序段（句）中，程序的执行与 M、S、T、G、X、Y、Z 的书写顺序无关，按数控系统自身设定的顺序执行，但一般按以下顺序书写：N、G、X、Y、Z、F、M、S、T。

2. 刀补的使用

在刀补的使用过程中应注意以下几点。

（1）只有在相应的平面内有直线运动时才能建立和取消刀补，即 G40、G41、G42 后必须跟 G00、G01 才能建立和取消刀补。

（2）用刀补后，刀具的移动轨迹与编程轨迹不一致，但加工出来的轮廓与用户想要的工件轮廓一致。编程时本来封闭的轨迹在程序校验时可能不封闭或有交叉，这不一定是错的，检查方法是将刀补取消（删去 G41、G42、G40 或将刀补值设为 0）再校验，看其是否封闭，若封闭就是对的，不封闭就是错的。

（3）刀补的使用给用户带来了很大的方便，使编程时不必考虑刀具的具体形状，而只需要按工件轮廓来编程，但也带来了一些麻烦，考虑不周会造成过切或少切的现象。

（4）在每一程序段（句）中，刀具移动到的终点位置，不仅与终点坐标有关，而且与下一程序段（句）刀具运动的方向有关，以避免夹角过小或过大的运动轨迹。

（5）防止出现多个无轴运动的指令，否则有可能会造成过切或少切的现象。

（6）可以用同一把刀调用不同的刀补值，用相同的子程序来实现粗、精加工。

3. 子程序

编写子程序时应注意以下几点。

（1）编写子程序时，应采用模块式编程，即每一个子程序或程序的每一个组成部分（某一局部加工功能）都应相对自成体系，以免相互干扰。

（2）一般在编写程序时先编写主程序，再编写子程序，程序编写完后应按程序的执行顺序再检查一遍，这样容易发现问题。

（3）如果调用程序时使用刀补，刀补的建立和取消应在子程序中进行，如果必须在主程序中建立，则应在主程序中取消。不能在主程序中建立，在子程序中取消，也不能在子程序中建立，在主程序中取消，否则，极易出错。

（4）充分发挥相对值编程的作用。可以在子程序中采用相对值编程，连续调用多次，实现 X、Y、Z 某一轴的进给，以实现连续的进给加工。

4．编程的要求

编程时要尽量做到以下几点。

（1）保证加工精度。

（2）路径规划合理，空行程少，程序运行时间短，加工效率高 。

（3）充分发挥数控系统的功能，提高加工效率。

（4）程序结构合理、规范、易读、易修改、易查错，最好采用模块式编程。

（5）在可能的情况下语句要少。

（6）书写清楚、规范。

5．程序中需要注写的内容

程序中需要注写的内容包括以下几个方面。

（1）原则是简繁适当，如果是初学者，应力求详细，可每个语句都注写，而对于经验丰富的人，则可少注写。

（2）各子程序功用和各加工部分改变时需要注写。

（3）换刀或同一把刀调用不同刀补时需要注写。

（4）对称中心、旋转中心、缩放中心处应注写。

（5）需要暂停或停车测量时应注写。

（6）程序开始前应对程序进行必要的说明。

11.9.2　准备功能 G 指令

准备功能 G 指令由 G 和其后的两位数字组成，用来规定刀具和工件的相对运动轨迹、机床坐标系、坐标平面、刀具补偿、零点偏置等多种加工操作。

G 功能有非模态 G 功能和模态 G 功能之分。非模态 G 功能只在规定的程序段中有效，程序段结束时被注销。模态 G 功能是一组可相互注销的 G 功能，这些 G 功能一旦被执行，就一直有效，直到被同一组的其他 G 功能注销为止。

某些模态 G 功能组中包含着一个默认 G 功能，数控装置上电时将被初始化为该功能。

不同组的 G 代码可以放在同一个程序段中，而且与顺序无关。

11.9.3　辅助功能 M 指令

可参见数控车床相关内容。

11.9.4　CNC 内定的辅助功能指令

可参见数控车床相关内容。

11.9.5 PLC 设定的辅助功能

可参见数控车床相关内容。

11.9.6 主轴功能 S、进给功能 F 和刀具功能 T

可参见数控车床相关内容。

11.10 数控铣床的基本操作

11.10.1 准备工作

数控铣床的启动操作为：先合上总电源，打开机床控制面板上的钥匙开关，然后启动计算机，进入操作界面，最后旋转、松开"急停"按钮，即可启动机床。关机时与此相反。

机床启动以后，应先按规定润滑机床导轨，并使机床主轴低速空转 2～3 分钟，然后返回参考点，即可进行后续加工。

11.10.2 数控装置

华中数控世纪星 HNC-21M 数控铣床的操作面板如图 11-26 所示，主要由液晶显示器、NC 键盘、机床控制面板、MPG 手持单元、软件操作界面等组成。

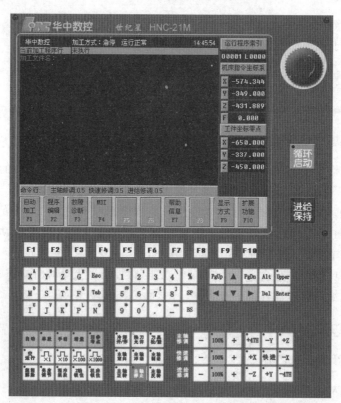

图 11-26 华中数控世纪星 HNC-21M 数控铣床的操作面板

11.10.3 数控铣床的手动操作

可参见数控车床相关内容。

11.10.4 程序编辑

可参见数控车床相关内容。

11.10.5 MDI 运行操作

可参见数控车床相关内容。

11.10.6 数控铣削加工实例

【例11-4】 偏心轮台阶平底孔数控铣削加工实例

铣削加工图 11-27 所示的偏心轮零件的台阶平底孔。

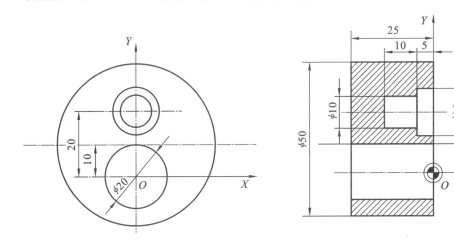

图 11-27 偏心轮零件

加工过程如下。

(1) 零件分析。加工部位为台阶盲孔,采用镗孔循环指令。

(2) 刀具选择,由于是平底孔,必须选用键槽铣刀进行加工。

(3) 工件零点设在点 O,换刀点设在工件外部。

(4) 工件安装。采用专用夹具,以 $\phi 20$ mm 孔和底面定位,中间换刀采用程序暂停指令 M00 手动换刀。

(5) 程序设计。偏心轮台阶平底孔数控铣削程序如表 11-10 所示。

表 11-10　偏心轮台阶平底孔数控铣削程序

程　　序	注　　释
%5010	程序起始符
N001 G92 X0 Y80 Z30;	工件坐标系设定
N002 G90;	采用绝对值编程
N003 M03 S530 T01;	主轴正转,调用1号刀具

程 序	注 释
N004 G00 X0 Y20 Z10；	快速定位到孔心上方
N005 G01 Z−5 F300；	粗加工 $\phi15$ mm 孔
N006 X−2.5；	X 向进刀
N007 G17 G02 X−2.5 Y20 I2.5 J0；	精加工 $\phi15$ mm 孔
N008 G00 X0；	定位到 $\phi10$ mm 孔中心
N009 G01 Z−10；	钻 $\phi10$ mm 孔
N010 G04 P02；	暂停,断屑
N011 G01 Z−15；	钻至深度
N012 G04 P02；	暂停,修光
N013 G00 Z30；	Z 向退刀
N014 X0 Y80；	返回到起始点
N015 M05；	主轴停止转动
N016 M02；	程序结束

第12章 特种加工简介

特种加工是相对于传统切削加工而言的。特种加工是指利用电、磁、声、光等能量去除工件待加工表面上的多余材料,使之成为符合设计要求的零件的加工过程。在生产中常用的特种加工方法有电火花加工、电解加工、激光加工、超声波加工、电子束加工、离子束加工等。

12.1 电火花加工简介

电火花加工是在加工过程中,使工具和工件之间不断产生电火花,靠放电时瞬时产生的高温将多余金属去除的一种加工方法。

12.1.1 电火花加工的基本原理

电火花加工原理图如图12-1所示。工件与工具分别与直流脉冲电源的两个输出端相连接。伺服系统(自动进给调节装置)使工具和工件间持续保持很小的间隙,当脉冲电压加到两极之间时,便在当时条件下间隙最小处或绝缘强度最低处击穿介质,在局部产生放电现象,瞬时高温会使工具和工件表面都去除掉一小部分金属,各自形成一个小凹坑。脉冲放电结束后,经过一段间隔时间(脉冲间隔),使工作液恢复绝缘后,第二次脉冲电压又加到两极上,又会在当时条件下间隙最小处或绝缘强度最低处击穿放电,又会产生新的小凹坑。这样连续不断地重复放电,工具不断地向工件进给,就可以加工出所需要的零件,整个加工表面由无数个小凹坑组成,如图12-2所示,图12-2(a)表示单次脉冲放电后的小凹坑,图12-2(b)表示多次脉冲放电后的工具和工件表面。

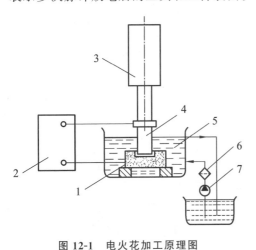

图 12-1 电火花加工原理图
1—工件;2—直流脉冲电源;3—自动进给调节装置;
4—工具;5—工作液;6—过滤器;7—工作液泵

图 12-2 电火花加工表面局部放大图

电火花加工必须满足以下条件。

(1)必须采用脉冲电源。

(2)工具和工件被加工表面之间必须保持一定的间隙。

(3)放电必须在有一定绝缘性能的液体介质中进行。

183

12.1.2　电火花加工设备的组成及作用

电火花加工设备主要由主轴头、电源箱、床身、立柱、工作台及工作液槽等部分组成。

图 12-3(a)所示为分离式电火花加工设备,图 12-3(b)所示为整体式电火花加工设备,组成部分及其作用详述如下。

(1)主轴头。主轴头是电火花加工设备中最关键的部件,是自动调节系统中的执行机构。主轴头的结构、运动精度、刚度、灵敏度等都会直接影响零件的加工精度和表面质量。

(2)床身和立柱。床身和立柱是电火花加工设备的基础部件,用以保证工具与工件之间的相对位置,要具有较好的刚性。

(3)工作台。工作台用于支承和装夹工件,通过横向、纵向丝杠可调节工件与工具的相对位置。工作台上有工作液槽,工作液槽内装有工作液,放电加工部位浸在工作液中。

(4)电源箱。电源箱内设有脉冲电源及控制系统、主轴伺服控制系统、机床电气安全及保护系统。

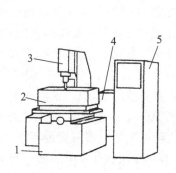
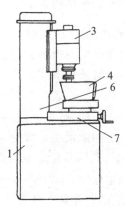

(a)分离式电火花加工设备　　　　(b)整体式电火花加工设备

图 12-3　电火花加工设备

1—床身;2—工作液槽;3—主轴头;4—工作液箱;5—电源箱;6—立柱;7—工作台

12.1.3　电火花加工的特点及应用

电火花加工具有以下优点。

(1)利用电能加工,易于实现加工过程的自动化。

(2)适合于难切削材料的加工。由于电火花加工过程中材料的去除是靠放电时的电热作用实现的,材料的可加工性主要取决于材料的导电性及热学特性(如熔点、沸点、比热容、导热系数等),与其力学性能(如强度、硬度等)无关,从而突破了传统切削加工对刀具的限制,实现了以较软的工具加工较硬的工件,甚至可以加工金刚石、立方氮化硼等超硬材料。目前,工具的材料多采用紫铜或石墨,电极制造容易。

(3)可加工特殊及复杂形状的零件。由于电火花加工过程中工具和工件不直接接触,没有机械切削力,因此这种加工方法适合于加工低刚度工件。由于采用电火花加工方法,可以简单地将工具的形状复制到工件上,因此特别适合于复杂形状工件的加工,如复杂型腔模具的加工等。另外,数控技术的采用使得用简单的电极加工复杂形状的零件也成为可能。

电火花加工的局限性主要是只能加工导电材料(一定条件下可加工半导体和非导体材料),加工速度较慢,存在电极损耗。

由于电火花加工具有许多传统切削加工无法比拟的优点,因此,这种加工方法广泛应用于航天、电子、精密机械、轻工等行业,特别是模具制造业。电火花加工的加工范围非常广泛,小到几微米的轴、孔,大到几米的超大型模具和零件,都可以采用电火花加工方法进行加工。

 ## 12.2　电火花线切割加工简介

12.2.1　电火花线切割机床的加工原理和分类

电火花线切割加工是在电火花加工的基础上发展起来的一种新的工艺形式。电火花线切割加工是利用移动的金属丝(钼丝或铜丝)作为工具,在金属丝和工件间通电,利用脉冲放电对工件进行切割加工的。电火花线切割加工原理图如图 12-4 所示。

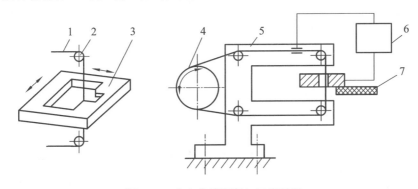

图 12-4　电火花线切割加工原理图
1—钼丝;2—导向轮;3—工件;4—传动轴;5—支架;6—脉冲电源;7—绝缘底板

脉冲电源的两端,一端接工件,另一端接钼丝,贮丝筒使钼丝正反向交替移动,在钼丝和工件之间浇注工作液,工作台在水平面两个坐标方向各自按预定的控制程序,根据间隙状态做伺服进给运动,从而合成各种曲线轨迹,使工件切割成形。

根据金属丝的运行速度,电火花线切割机床通常分为两大类:一类是高速走丝电火花线切割机床,这类机床的金属丝做高速往复运动,走丝速度一般为 8～10 m/s,这是我国生产和使用的主要机种;另一类是低速走丝电火花线切割机床,这类机床的金属丝做低速单向运动,走丝速度低于 0.2 m/s,这是国外生产和使用的主要机种。

12.2.2　电火花线切割加工的特点

电火花线切割加工具有以下特点。
(1) 不需要制造形状复杂的工具,就能加工出以直线为母线的任何二维曲面。
(2) 可以加工窄缝和复杂零件,可有效地节省贵重材料。
(3) 工件几乎不受切削力,适合于加工低刚度工件及细小零件。
(4) 有利于提高加工精度,便于实现加工过程的自动化。

12.2.3　电火花线切割加工的应用

电火花线切割加工可以应用在以下几个方面。
(1) 加工模具。电火花线切割加工适合于加工各种形状的冲模,此外,还可以加工挤压模、粉末冶金模、弯曲模等带有锥度的模具。

（2）加工电极。

（3）加工零件。在试制新产品时，可用电火花线切割加工方法在板料上直接切割出零件，加工薄件时可将多片叠在一起加工。电火花线切割加工还可用于加工品种多、数量少的零件，以及各种凸轮、样板、刀具等。

第⑬章 　　　　　塑　料　成　型

 ## 13.1　概述

13.1.1　塑料简介

塑料是一种以高分子聚合物为主要成分的混合物。单纯的高分子聚合物一般不能满足实际需要，一般要在高分子聚合物中加入其他添加剂（如稳定剂、填充剂、增塑剂、着色剂等）。由树脂和添加剂组成的塑料具有优良的性能，能加工成各种塑料制件。

13.1.2　常用塑料的种类及用途

塑料分为热塑性塑料和热固性塑料两种。热塑性塑料的特点是受热后可以软化或者熔融，并在这种状态下加工成型，成型、硬化后的制件再加热仍然可以软化，分子结构不发生变化，可以反复进行这一过程。热固性塑料在受热后分子的内部结构会发生变化，虽然也可以软化或者熔融，但在固化成型后不能再次软化，即使加热到接近分解的温度也无法软化，而且不会溶解在溶剂中。

1．热塑性塑料

1）聚乙烯（PE）

根据合成方式的不同，聚乙烯分为低压聚乙烯、高压聚乙烯和中压聚乙烯三种。低压、中压聚乙烯质地刚硬，耐磨性、耐腐蚀性以及电绝缘性较好，一般用于制造塑料管、板材、绳索以及齿轮、轴承等。

2）聚丙烯（PP）

聚丙烯耐热性良好，在 100～110 ℃温度范围内可以长期使用，除此之外，聚丙烯还具有优良的电绝缘性能和耐腐蚀性能，在常温下能耐酸、碱腐蚀，但是其冲击韧性较差，抗老化性能差。聚丙烯可用于制造某些零部件，如法兰、齿轮、接头、仪表盒等，还常用于制造化工管道、容器及医疗器械。

3）聚氯乙烯（PVC）

聚氯乙烯有硬质聚氯乙烯、软质聚氯乙烯之分，加入少量增塑剂、稳定剂及填充剂可制成硬质聚氯乙烯，反之则制成软质聚氯乙烯。硬质聚氯乙烯具有较高的机械强度和较好的耐腐蚀性，一般用于化工、纺织等行业的气体、液体输送管道。软质聚氯乙烯常制成薄膜，用于工业包装、农业薄膜、雨衣等，还可用于制作耐酸碱软管、电缆外皮、绝缘层等。

4）ABS 塑料

ABS 塑料是用丙烯腈、丁二烯、苯乙烯制成的三元共聚物。在机械工业中，ABS 塑料可用于制造齿轮、轴承、电机外壳、仪表壳、仪表盘等。因为 ABS 塑料具有良好的特性，所以 ABS 塑料在汽车零件上的应用越来越广泛。ABS 塑料是一种原料易得、综合性能好、价格便宜的工程塑料。

5）聚酰胺（PA）

聚酰胺俗称尼龙。聚酰胺具有突出的耐磨性和自润滑性，以及良好的机械性能，除了水和油之外，对一般的溶剂和许多化学药剂也有很好的耐腐蚀性能。但是聚酰胺的工作温度不能超过 100 ℃，导热性比较差。聚酰胺在机械工业中可用于制造要求耐磨、耐腐蚀的轴承、齿轮、螺钉、螺母等传动零件。

2. 热固性塑料

1）酚醛塑料

酚醛塑料俗称电木粉。酚醛塑料的突出特点是绝缘性能好，耐热性较好，耐磨性好，尺寸稳定性好，耐高温。

酚醛塑料以其良好的绝缘性能，广泛用于制作插头、开关、电话机、仪表盒等，除此之外，还可以用于制造汽车刹车片、内燃机曲轴皮带轮等。

2）环氧塑料

环氧塑料是环氧树脂加固化剂后形成的热固性塑料，强度高，韧性好，尺寸稳定性好，耐久性好，具有优良的绝缘性能，耐热，耐寒，可以在 −80～155 ℃ 的温度范围内长期工作，化学稳定性也很好。但是其中的固化剂易溶于油脂，析出后具有毒性。

环氧塑料广泛用于机械、航空航天、化工、船舶、汽车、建材等行业，如塑料模具、精密量具、航天器的推进器和电子仪表装置的制造都会用到环氧塑料。

13.2　注塑成型设备及工艺

把塑料颗粒加工成制品需要塑料成型设备和塑料模具。成型方法不同，相应的设备也不同。热塑性塑料的成型方法主要有注塑成型、挤出成型、中空成型等，热固性塑料的成型方法主要有压缩成型、压注成型和固相成型等。

这里主要讲述机械、电子、轻工业等行业塑料制品生产中应用最广泛的加工方法——注塑成型。

13.2.1　注塑成型设备

注塑成型的设备是注塑机。注塑机按照外形特征分为卧式注塑机、立式注塑机和直角式注塑机，按照塑料在料筒中的塑化方式分为螺杆式注塑机和柱塞式注塑机。注塑机的螺杆如图 13-1 所示。卧式注塑机多为螺杆式，立式、直角式注塑机多为柱塞式。卧式注塑机（见图 13-2）的应用最广泛。

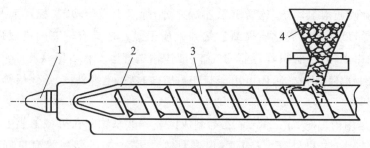

图 13-1　注塑机的螺杆

1—喷嘴；2—料筒；3—螺杆；4—料斗

螺杆式注塑机工作时,螺杆在料筒内旋转,将料斗中的塑料颗粒卷入,逐步压实、排气、塑化,并不断将塑料熔体推向料筒前端,积存在料筒顶部与喷嘴之间,随着积存熔体的增多,螺杆本身受到熔体的压力而缓慢后退。当积存的熔体达到预定的注射量时螺杆停止转动,并在注射液压缸的作用下向前移动将熔体注入模具。这里螺杆既旋转,又前后移动,完成塑料塑化、混合和注射工作。

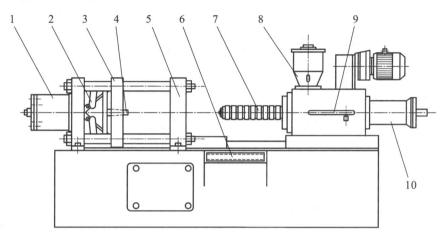

图 13-2　卧式注塑机

1—锁模液压缸;2—锁模机构;3—动模板;4—推杆;5—定模板;6—控制台;
7—料筒及加热器;8—料斗;9—定量供料装置;10—注射液压缸

按照工作原理,注塑机分为三个部分:注射装置、锁模装置、液压传动和电气控制系统。

1. 注射装置

注射装置的主要作用是使固态的塑料颗粒均匀地塑化成熔融状态,以便将塑料熔体注入闭合的模具型腔中。注射装置包括料斗、料筒、加热器、喷嘴、螺杆等。

2. 锁模装置

锁模装置不仅可以在成型时提供足够的锁紧力使模具锁紧,还可以控制模具的开闭动作,并且可以在开模时推出模具内的制件。锁模装置包括锁模机构等。

3. 液压传动和电气控制系统

液压传动和电气控制系统是为了保证注塑成型按照预定的工艺要求(压力、温度、时间等)和动作程序准确进行而设置的。液压传动系统包括锁模液压缸、注射液压缸,是注塑机的动力系统。电气控制系统则是控制各个动力液压缸完成开启、闭合、注射等动作的系统。

13.2.2　注塑成型工艺

注塑成型的过程如图 13-3 所示,详述如下。

(1)塑料从料斗落入被加热的料筒内。

(2)螺杆转动,塑料被挤压,产生剪切热,同时料筒外部也被加热使塑料熔化并被推向料筒前端,不断积存的熔融塑料使螺杆后退[见图 13-3(a)]。

(3)在塑料颗粒熔化之前完成模具合模动作。

(4)当料筒顶部与喷嘴之间的熔融塑料完全塑化并达到所要求的体积时,注射液压缸推动螺杆前进,把螺杆前的熔融塑料由喷嘴射入模具[见图 13-3(b)]。

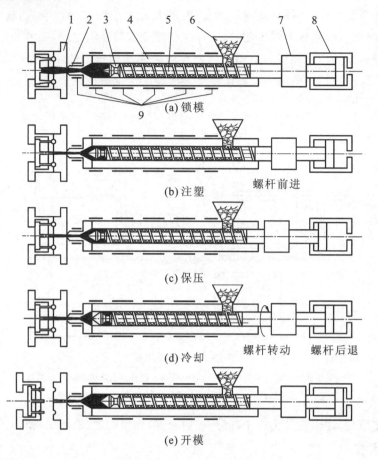

图 13-3 注塑成型的过程

1—模具;2—喷嘴;3—止逆阀;4—料筒;5—螺杆;6—料斗;7—液压马达;8—注射液压缸;9—加热器

(5) 使模具充满熔融的塑料,并保压[见图 13-3(c)]。

(6) 制件冷却后螺杆后退[见图 13-3(d)]。

(7) 制件定型后,完成开模动作[见图 13-3(e)]。

(8) 从模具中取出制件。

13.2.3 塑料制件的后处理

从原则上讲,将制件从模具中取出后,注塑成型过程就结束了,但是制件内会出现不均匀结晶、收缩应力等,脱模后制件会出现变形,力学性能、光学性能、表面质量也会变差,甚至还会开裂,因此有必要对制件进行适当的后处理。塑料制件的后处理主要是退火和调湿处理。

1. 退火

退火是指把制件加热到某一温度保温一段时间。通过退火处理可以降低制件的硬度,并提高韧性。

一般退火的温度范围为制件使用温度以上 10~20 ℃到热变形温度以下 10~20 ℃。退火热源或保温介质可以采用热水、热油等,退火后的冷却速度要慢,否则会产生温度应力。

2. 调湿处理

调湿处理指调整制件的含水量。调湿处理主要用于吸湿性很强又易氧化的聚酰胺制件,调湿处理可以防止制件在使用过程中尺寸发生变化。调湿处理所用的加热介质一般为沸水或醋酸钾溶液。

13.2.4 注塑模具

注塑模具由动模和定模两部分组成,动模安装在注塑机的移动模板上,定模安装在注塑机的固定模板上。注塑成型时动模和定模闭合构成浇注系统和型腔,开模时动模与定模分离,便于取出塑料制品。

1. 注塑模具的基本结构

塑料首先在注塑机的料筒内受热熔融,然后在注塑机的螺杆或柱塞的推动下,经注塑机的喷嘴和模具的浇注系统进入模具型腔,塑料冷却硬化成型,脱模得到制品。注塑模具通常由成型部件、浇注系统、导向部件、推出机构、调温系统、排气系统、支撑部件等部分组成。单分型面注塑模具如图13-4所示。

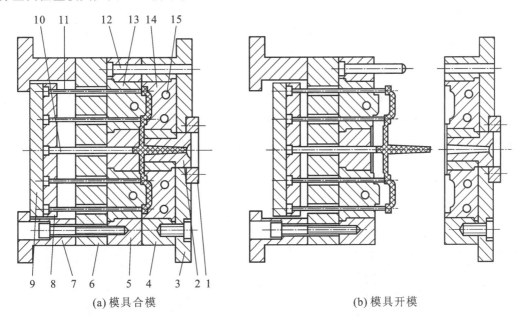

(a) 模具合模　　　　　　　　　　　　(b) 模具开模

图13-4　单分型面注塑模具

1—定位圈;2—主流道衬套;3—定模座板;4—定模板;5—动模板;6—动模垫板;7—动模底座;
8—推出固定板;9—推板;10—拉料杆;11—推杆;12—导柱;13—型芯;14—凹模;15—冷却水通道

1)成型部件

成型部件由型芯和凹模组成。型芯形成制品的内表面形状,凹模形成制品的外表面形状,因此成型部件直接决定塑料制品的形状和尺寸。合模后,型芯和凹模构成模具的型腔。

2)浇注系统

浇注系统又称为流道系统,它将塑料熔体由注塑机的喷嘴引向型腔的进料通道。浇注系统由主流道、分流道、浇口等组成。

3)导向部件

注塑模具中的导向部件的作用是确保动模与定模合模时能准确对中,一般采用四组导柱与导套组成。为了避免在制品推出过程中推板发生歪斜,还在模具的推出机构中设有使推板保持水平运动的导向部件。

4) 推出机构

开模时,需要有推出机构将制品推出或拉出。推出机构由推杆、推出固定板、推板及拉料杆组成。

5) 调温系统

调温系统的作用是调节模具温度,满足注塑成型工艺对模具温度的要求。对于热塑性塑料用注塑模具来说,调温系统是为了使模具冷却,在模具内设有冷却水通道,利用循环流动的冷却水带走模具的热量。

6) 排气系统

塑料制品在成型过程中会有气体产生,排气系统可以使气体充分排出。常用的办法是在分型面处开设排气槽,对于较小的制品,由于排气量小,可直接利用分型面之间存在的微小间隙进行排气。

2. 其他注塑模具简介

如果塑料制品的外形结构复杂,可以在模具中设置活动镶件,这类模具被称为带活动镶件的注塑模具(见图 13-5)。开模时,这些活动镶件不是简单地沿开模方向与制品分离,而是脱模时将它们同制件一起移出模具外,然后用手工或简单工具将它们和制品分开,因而生产效率较低,一般用于小批量生产。

外形复杂的塑料制品还可以采用带侧向分型抽芯机构的注塑模具(见图 13-6),尤其是当塑料制品上有侧孔或者侧凹时,模具内的斜销或斜滑块等组成的侧向分型抽芯机构能使型芯横向移动,使型芯和制品分离,然后推杆就能顺利地将制品从型芯上推出。这类模具广泛用于具有侧孔或者侧凹的塑料制品的大批量生产。

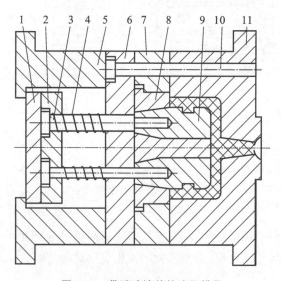

图 13-5　带活动镶件的注塑模具

1—推板;2—推出固定板;3—推杆;4—弹簧;5—模底座;
6—活动垫板;7—动模板;8—型芯;9—活动镶件;
10—导柱;11—定模板

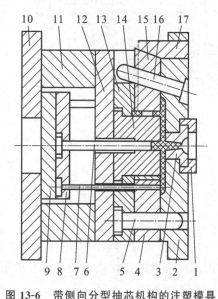

图 13-6　带侧向分型抽芯机构的注塑模具

1—定位圈;2—定模板;3—主流道衬套;4—动模板;
5—导柱;6—拉料杆;7—推杆;8—推出固定板;
9—推板;10—动模座板;11—垫块;12—动模垫板;
13—固定板;14—型芯;15—斜滑块;
16—斜销;17—楔紧块

第14章 3D打印

14.1 3D打印概述

3D打印,是一种以数字模型文件为基础,运用粉末状金属或塑料等可黏合材料,通过逐层打印的方式来构造物体的技术。

3D打印通常是采用数字技术材料打印机来实现的,常在模具制造、工业设计等领域用于制造模型,后来逐渐用于一些产品的直接制造,目前已经有利用这种技术打印而成的零部件。该技术在珠宝、鞋类、工业设计、建筑工程施工、汽车、航空航天、医疗、教育、地理信息系统、土木工程及其他领域都得到了应用。

14.1.1 3D打印的起源及历史

3D打印技术出现在20世纪90年代中期。3D打印与普通打印的工作原理基本相同,打印机内装有液体或粉末等打印材料,与计算机连接后,通过计算机控制把打印材料一层层叠加起来,最终把计算机上的设计图变成实物。这种打印技术也称为3D立体打印技术。

1986年,Charles Hull开发了第一台商业3D印刷机。

1993年,麻省理工学院获得3D印刷技术专利。

1995年,美国ZCorp公司从麻省理工学院获得唯一授权并开始开发3D打印机。

2005年,市场上首台高清彩色3D打印机由ZCorp公司研制成功。

2010年11月,世界上第一辆由3D打印机打印而成的汽车问世。

2011年7月,英国研究人员开发出世界上第一台3D巧克力打印机。

2012年8月,南安普顿大学的工程师开发出世界上第一架3D打印的飞机。

2013年10月,全球首次成功拍卖一款名为"ONO之神"的3D打印艺术品。

2013年11月,美国的一家3D打印公司"固体概念"设计制造出3D打印金属手枪。

14.1.2 3D打印的特点

3D打印使制造业发生了巨大变化,以前,零部件设计必须要考虑生产工艺能否实现,而3D打印技术的出现颠覆了这一生产思路,使得企业在生产零部件的时候不需要考虑生产工艺问题,因为任何复杂形状的零件都可以通过3D打印来实现。图14-1所示为3D打印零件。3D打印不需要机械加工或模具,而是直接根据计算机图形数据生成任何形状的物体,极大地缩短了产品的生产周期,提高了生产效率。尽管3D打印技术还有待完善,但它具有巨大的市场潜力,势必会成为未来制造业的突破性技术之一。

图14-1　3D打印零件

14.1.3　3D打印工艺

3D打印使用了许多种不同的技术。目前,可用于打印的材料主要有石膏、ABS塑料、树脂等。3D打印所用的这些材料都是专门针对3D打印而研发的新材料,并不是普通意义上的石膏、ABS塑料、树脂等,其形态一般为粉末状、丝状、液态等。

14.2　3D打印的工作原理

日常生活中使用的普通打印机可以打印计算机设计的平面图形,3D打印机与普通打印机的工作原理基本相同,只是打印材料有些不同。普通打印机的打印材料是墨水和纸张,而3D打印机内则装有金属、陶瓷、塑料等打印材料。3D打印机与计算机连接后,通过计算机控制可以把打印材料一层层叠加起来,最终把计算机上的设计图变成实物。3D打印机与计算机如图14-2所示。通俗地说,3D打印机是可以打印出真实物体的一种设备,如打印机器人、玩具车、各种模型,甚至是食物等。之所以称其为"打印机",是因为其分层加工过程与喷墨打印十分相似,如图14-3所示。

图14-2　3D打印机与计算机

图14-3　分层加工过程

14.3　3D打印的步骤及设备操作

14.3.1　3D打印的步骤

3D打印的步骤为:先通过计算机建模软件进行三维建模,或直接使用现成的模型,如动物模型、人物模型等,然后通过U盘等存储设备把它复制到与3D打印机连接的计算机中,完成打印设置后,即可使用打印机打印模型。

目前,市面上的3D打印机所使用的模型文件大部分都是STL格式的文件。STL格式的文件使用三角面来近似模拟物体的表面,三角面越小,其生成的表面分辨率越高。一般使用高精度的机械软件来建模,如CAXA制造工程师、Mastercam、CATIA、Creo等。另外,也可以用三维扫描仪来扫描物体的外形,从而得到STL格式的模型文件,但扫描出的模型的精度不如建模软件生成的模型的精度高。

14.3.2　3D打印的设备操作

1. 3D打印机简介

3D打印的成形方法有很多种,在此以北京太尔时代科技有限公司生产的3D打印机(见图14-4)为例来进行讲解。该打印机的工作原理是首先将ABS塑料高温熔化后挤出,然后在成形后迅速凝固,从打印工艺上来说属于熔融沉积式,打印出的模型结实、耐用。

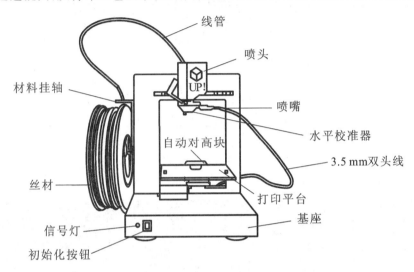

图14-4　3D打印机

3D打印机的坐标和背面的接口分别如图14-5和图14-6所示。

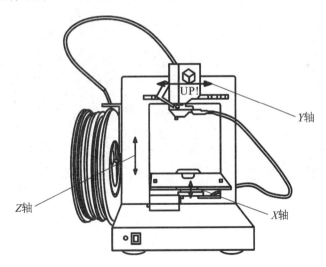

图14-5　3D打印机的坐标

2. 设备操作

在安装好软件和确认3D打印机与计算机连接正确之后,即可按照以下步骤来完成打印。

1)启动程序

双击桌面上的图标 ,打开主操作界面,如图14-7所示。

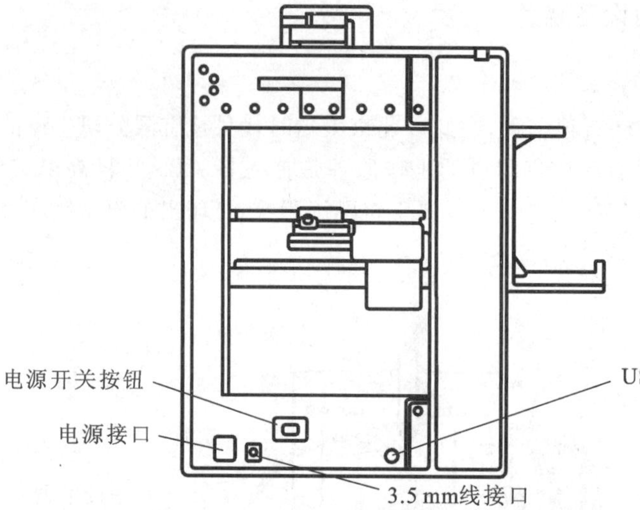

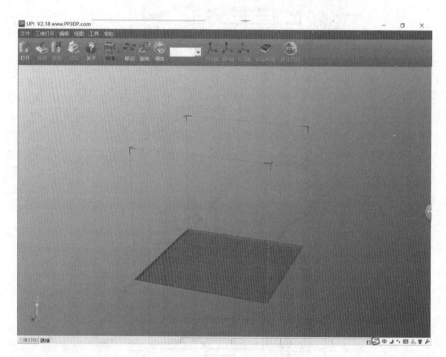

电源开关按钮

电源接口

USB接口

3.5 mm线接口

图 14-6　3D 打印机背面的接口

图 14-7　主操作界面

2）初始化打印机

在打印之前，需要初始化打印机。单击"三维打印"菜单下的"初始化"命令，如图 14-8 所示，当打印机发出蜂鸣声时，初始化开始。喷头和打印平台再次返回到打印机的初始位置，当准备好后会再次发出蜂鸣声。

3）校准喷嘴的初始高度

为了确保打印的模型与打印平台黏结正常，防止喷嘴与打印平台发生碰撞而对设备造成损害，需要在打印开始之前校准并设置喷嘴的初始高度，以喷嘴与打印平台的距离在 0.2 mm 以内为佳。操作步骤如下。

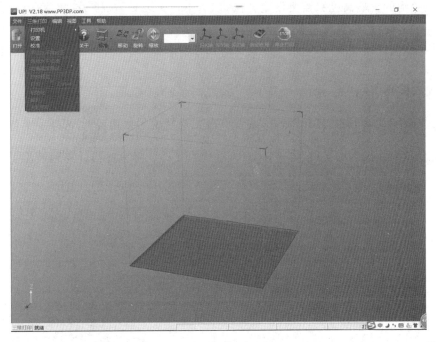

图 14-8　单击"三维打印"菜单下的"初始化"命令

（1）单击"三维打印"菜单下的"维护"命令，弹出"维护"对话框，如图 14-9 所示。在文本框中输入数值 122，然后单击"至"按钮，打印平台的高度从起始位置移动到 122 mm 处。

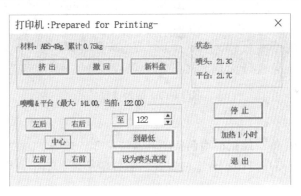

图 14-9　"维护"对话框

（2）检查喷嘴和打印平台之间的距离。例如，如果打印平台距离喷嘴约 8 mm，则将文本框内的数值增加到 130。注意只是增加了 8 mm，而不是 130 mm，这是为了不让喷嘴和打印平台发生碰撞。越是在接近喷嘴的地方，越要慢慢地增加高度。

（3）当打印平台距离喷嘴约 1 mm 时，在文本框中依次增加 0.1 mm，单击"至"按钮，直到打印平台与喷嘴的距离在 0.2 mm 以内。

（4）当打印平台和喷嘴之间的距离在 0.2 mm 以内时，图 14-9 所示的文本框里记录下的数值，就是正确的校准高度。

提示：有一个简单的方法可以检查喷嘴和打印平台之间的距离：将一张普通的 70 g A4 打印纸折叠一下（厚度大概为 0.2 mm），然后将它置于喷嘴和打印平台之间来回移动，以此来检测两者之间的距离。

注意：喷嘴的正确高度只需要设定一次，以后不再需要设置，因为这个数值已被系统自动记录下来。如果校准高度时喷嘴和打印平台相撞，应在进行任何其他操作之前重新初始化打印机。移动过打印机后，如果发现模型不在打印平台的正确位置上打印，应重新校准喷嘴高度。

4）载入模型

单击"文件"菜单下的"打开"命令，或者单击工具栏中的按钮 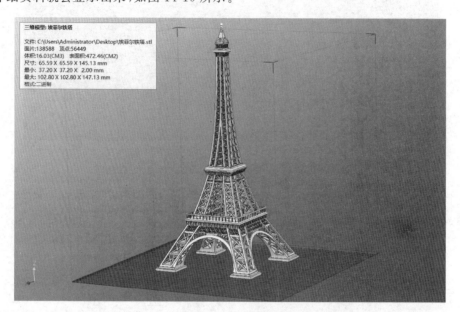，选择一个想要打印的模型。注意该软件仅支持 STL 格式和 UP3 格式的文件。将鼠标指针移到模型上，单击，模型的详细资料就会显示出来，如图 14-10 所示。

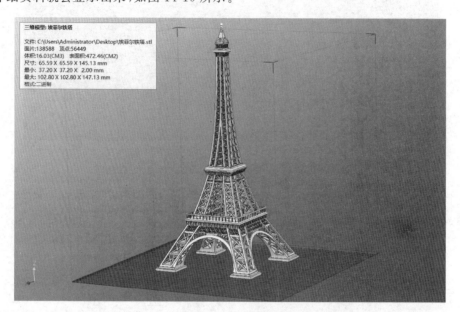

三维模型：埃菲尔铁塔
文件: C:\Users\Administrator\Desktop\埃菲尔铁塔.stl
面片:138588 顶点:56449
体积:16.03(CM3)   表面积:472.46(CM2)
尺寸: 65.59 X 65.59 X 145.13 mm
最小: 37.20 X 37.20 X 2.00 mm
最大: 102.80 X 102.80 X 147.13 mm
格式:二进制

图 14-10　载入模型

5）编辑模式

通过"旋转""缩放"等功能把模型调整到合适的尺寸。单击工具栏最右边的"自动布局"按钮，软件自动调整模型在打印平台上的位置。当打印平台上不止一个模型时，建议使用自动布局功能。

6）设置打印选项

单击"三维打印"菜单下的"设置"命令，弹出图 14-11 所示的"设置"对话框。

层片厚度：设定打印层厚度，根据模型的不同，每层厚度设定为 0.2～0.4 mm。

支撑：在打印实际模型之前，打印机会先打印出一部分底层，然后沿着 Y 轴方向横向打印出一部分不坚固的丝材，直到开始打印主材料时，打印机才一层一层地打印实际模型，如图 14-12 所示。

角度：这个参数决定使用支撑材料时的角度。例如：如果设置成 10°，在表面和水平面的成形角度大于 10°的时候，支撑材料才会被使用；如果设置成 50°，在表面和水平面的成形角度大于 50°的时候，支撑材料才会被使用。

表面层：这个参数决定打印底层的层数。例如，如果设置成 3，机器在打印实际模型之前会先打印 3 层底层，但是这并不会影响壁厚，因为所有的填充模式几乎采用同一个厚度（大概为 1.5 mm）。

图 14-11 "设置"对话框

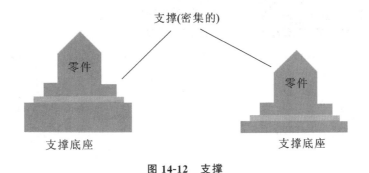

图 14-12 支撑

填充:有四种方式填充支撑材料,如表 14-1 所示。填充效果如图 14-13 所示。

表 14-1 "填充"选项说明

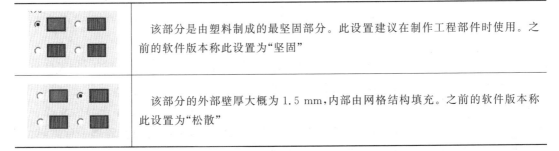

	该部分是由塑料制成的最坚固部分。此设置建议在制作工程部件时使用。之前的软件版本称此设置为"坚固"
	该部分的外部壁厚大概为 1.5 mm,内部由网格结构填充。之前的软件版本称此设置为"松散"

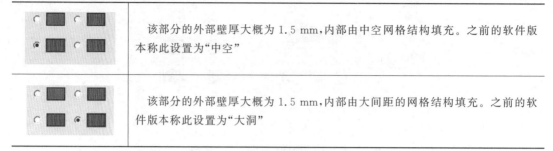

	该部分的外部壁厚大概为 1.5 mm,内部由中空网格结构填充。之前的软件版本称此设置为"中空"
	该部分的外部壁厚大概为 1.5 mm,内部由大间距的网格结构填充。之前的软件版本称此设置为"大洞"

一般情况下,外部支撑材料比内部支撑材料更容易移除,开口向上比开口向下节省支撑材料,如图 14-14 所示。

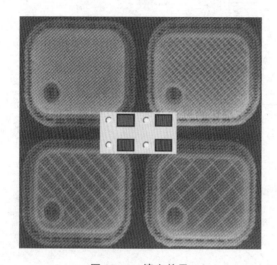

图 14-13 填充效果

需要大量支撑材料

需要少量支撑材料

图 14-14 支撑材料对比

7）打印

单击"三维打印"菜单下的"打印"命令,在弹出的对话框中输入记录下的打印初始高度,单击"确定"按钮即可开始打印。

8）移除模型

具体步骤如下。

（1）当模型完成打印时,打印机会发出蜂鸣声,喷嘴和打印平台会停止加热。

（2）从打印机上撤下打印平台。

（3）慢慢地把铲刀滑动到模型下面,来回撬松模型。切记在撬模型时要佩戴手套,以防烫伤。

9）移除支撑材料

模型由两部分组成,一部分是模型本身,另一部分是支撑材料。支撑材料的物理性能和模型主材料是一样的,只是支撑材料的密度小于主材料,所以支撑材料很容易从主材料上被移除。图 14-15(a)展示了支撑材料移除后的状态,图 14-15(b)展示的是还未移除支撑材料的状态。支撑材料可以使用多种工具来移除,大部分支撑材料可以很容易地用手移除,对于接近模型的支撑材料,可使用钢丝钳或尖嘴钳移除。

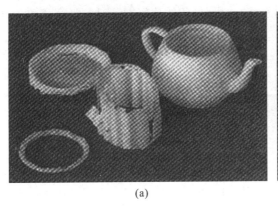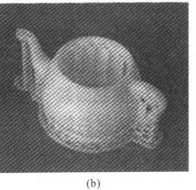

(a)　　　　　　　　　　　　　　(b)

图 14-15　移除支撑材料

 14.4　3D 打印的发展趋势

1. 应用领域

3D 打印的应用领域可以是任何需要模型的行业。其中,政府部门、航天和国防业、医疗行业、高科技行业、教育行业、制造业等对 3D 打印机的需求量较大。

1) 航天和国防业

GE 中国研发中心的工程师们仍在埋头研究 3D 打印技术。他们已经用 3D 打印机成功打印出了航空发动机的重要零部件。与传统的制造技术相比,这一技术使该零件的成本缩减了 30%,制造周期缩短了 40%。

2) 医疗行业

利用 3D 打印设备打印出的各种尺寸的骨骼、牙齿及活性细胞,可用于临床治疗。目前,用于代替真实人体骨骼的打印材料正在测试之中。在实验室测试中,这种可代替骨骼的打印材料已经被证明可以支持人体骨骼细胞在其中生长,并且其有效性也已经在老鼠和兔子身上得到了验证。未来数年内,使用 3D 打印技术打印出的质量更好的骨骼替代品有可能会帮助外科医生进行骨骼损伤的修复,甚至可以帮助骨质疏松症患者恢复健康。

器官移植可以拯救很多器官功能衰竭或损坏的患者的生命,但这项技术存在器官来源不足、排异反应难以避免等弊端。随着未来"生物细胞打印机"的问世,这些问题将迎刃而解。

3) 文物行业

博物馆里常常会用很多复杂的替代品来保护原始作品,使原始作品不受环境或意外事件的损害。美国德雷塞尔大学的研究人员通过对化石进行 3D 扫描,利用 3D 打印技术制作出了适合研究的 3D 模型,不但保留了原化石所有的外部特征,还按比例进行了缩减,更适合研究。

4) 建筑行业

号称"全球首批 3D 打印实用建筑"的房屋已于 2014 年亮相上海青浦。该技术号称可将建筑垃圾变废为宝,让建筑工人做更体面的工作,让建筑成本降低 50%。建筑学专家认为,作为全球建筑革命的热点,3D 打印改变了传统的建筑施工工艺,从环保、节能、省时、省力的角度看,3D 打印有其创新意义。不过用新型"油墨"打印的建筑,其刚度、强度和耐久性等综合性能还有待进一步验证。

5)生活时尚用品

这是最广阔的一个市场。不管是个性化笔筒,还是手机外壳,抑或是自己设计的世界上独一无二的戒指,都可以通过 3D 打印机打印出来。

2. 限制因素

1)材料的限制

虽然 3D 打印技术可以实现塑料、某些金属或陶瓷的打印,但是从总体上来说,3D 打印使用的材料都是比较昂贵和稀缺的。另外,3D 打印机也还没有达到支持日常生活中所接触到的各种材料的水平。研究者们在多材料打印上已经取得了一定的进展,但除非这些技术成熟并有效,否则材料依然会是 3D 打印的一大障碍。

2)打印技术的限制

3D 打印技术在重建物体的几何形状和机能上已经达到了一定的水平,但是表面粗糙度、机械性能等方面还不能完全满足要求。如果想让 3D 打印技术进入普通家庭,每个人都能随意打印想要的东西,打印技术的限制问题必须得到解决才行。

3)知识产权的忧虑

在过去的几十年里,音乐、电影和电视产业中对知识产权的关注越来越多。3D 打印技术也会涉及知识产权问题,因为现实中的很多东西都会得到广泛的传播,包括 3D 打印的源文件,人们可以随意复制任何东西,并且数量不限。如何制定用于保护 3D 打印知识产权的法律法规,也是面临的问题之一。

4)道德的挑战

利用 3D 打印技术,人们已经可以制作手枪,也有科研工作者在尝试利用 3D 打印技术打印生物器官和活体组织,因此在不久的将来,3D 打印会遇到极大的道德挑战。

附录　金工实习安全技术

一、热处理安全技术

（1）实习时要听从指导人员的安排和指导。

（2）按照热处理设备的使用说明书正确使用设备，规范操作。

（3）从热处理设备中取出加热后的高温零件，要用钳子夹牢、放稳，注意防止烫伤。

（4）测量硬度时，要按照硬度计使用说明书规定的操作步骤进行操作。

（5）在加热金属材料进行热处理（退火、正火、淬火和回火）时，应注意按照工艺规范进行操作，防止金属过热或过烧。

二、铸造安全技术

（1）进入车间要穿戴好劳保用品，并保持工作场所清洁、整齐。

（2）熟悉安全技术规章制度和工艺规程，随时注意避免在工作中可能发生的事故。

（3）熟悉各种机器设备的性能，以免损坏机器。

（4）进行生产实习时要严格遵守安全技术规程，如有违反操作规程的现象发生，应及时制止。

三、锻造安全技术

1. 自由锻

（1）操作时钳身要放平，并使工件平放在砧子的中心位置。

（2）无论何种工序，首锤轻击。锻件需要斜锻时，必须选好着力点。

（3）锻打过程中，严禁往砧面上塞放垫铁，待锤头悬起平稳后方可放置垫铁。

（4）锤头没停稳前不得直接用手伸进锤头行程内取放工具。

（5）使用脚踏开关开锤的情况下，在测量工件时，应使脚离开脚踏开关，以防误踏造成事故。

（6）为了防止烫伤，红热工件、工具应放在指定地点，不得随意乱放。

2. 胎模锻

（1）锻造前，先检查模具是否有裂纹，然后在150～200 ℃温度范围内预热模具。

（2）胎模平稳放置在砧座的中心后方可锤击空腔模具。

（3）锤头提升平稳后，方可加上模，上、下模对准，手离开后方可锤击。

（4）垫铁的上、下表面必须平整，放平稳后方可锤击。

四、焊接安全技术

1. 手工电弧焊

（1）电源外壳要接地，电缆的绝缘性能要好，防止触电。

（2）操作时使用面罩并穿工作服，防止皮肤和眼睛被弧光和紫外线辐射，防止火花飞溅灼伤皮肤。

（3）操作场地要避免有易燃品、易爆品，防止火灾、爆炸的发生。

（4）操作场地要通风良好，防止有毒气体和烟尘中毒。

2. 气焊与气割

（1）工作前或停工时间较长再工作时，必须检查所有的设备、乙炔瓶、氧气瓶和橡胶软管的接头、阀门是否紧固、牢靠，不能有松动的现象。氧气瓶及其附件、橡胶软管、工具上不能沾染油脂污垢。

（2）氧气瓶、乙炔瓶必须距离高温或明火 10 m 以上，如果条件不允许，则不准低于 5 m，并采取隔离措施。

（3）禁止用易产生火花的工具去开启氧气瓶或乙炔瓶阀门。

（4）工作完毕离开工作现场前，要拧上气瓶安全帽，并把氧气瓶和乙炔瓶放到指定地点。

五、车削安全技术

1. 开机前

（1）穿好工作服，袖口和衣角要扎紧，留有长发者要戴工作帽，将长发置于帽内，不准戴手套操作机床。

（2）工件和刀具应装夹牢固，车刀安装不宜伸出过长。

（3）装卸工件后，卡盘扳手要立即拿下，以免飞出伤人。

（4）检查各手柄是否处于正确位置，确保正确无误后方可开机。

（5）刃磨车刀时，不要站在砂轮的正面，用力要均匀适当，不可用力过大、过猛，以防砂轮破碎，击伤操作者。

2. 开机后（主轴旋转时）

（1）站位要适当，头不可离工件太近，防止切屑飞入眼中。

（2）不准用手触摸旋转的工件。

（3）测量工件时，必须停机测量，不准测量旋转的工件。

（4）在机床主轴旋转时，严禁变换主轴转速，要先停机后变速，防止损坏变速箱内的齿轮。

（5）操作机床时精神要集中，如果发现异常现象要立即停机，并报告指导人员。

（6）使用毛刷和钩子等工具清理铁屑，不能用手直接清理，以免划伤。

（7）离开机床时，必须停机。

六、铣削安全技术

1. 开机前

（1）检查各手柄，使自动手柄处于"停止"位置，并使其他手柄处于所需位置。

（2）将工件、刀具装夹牢固，锁紧限位挡铁。

2. 开机后（主轴旋转时）

（1）机床主轴旋转时，严禁改变主轴的转速。

（2）不准用手触摸铣刀及其他运动部件。

（3）需要测量工件时，必须先停机。

（4）站位要适当，不可离铣床太近，避免头部碰到横梁和吊架。

（5）不准离开机床去办其他事情。

（6）操作机床时精神要集中,如果发现异常现象要立即停机,并报告指导人员。

七、刨削安全技术

1. 开机前

（1）检查各手柄,使手柄处于所需位置。

（2）将工件、刀具装夹牢固。

2. 开机后(主轴旋转时)

（1）不准用手触摸刨刀及其他运动部件。

（2）需要测量工件时,必须先停机。

（3）站位要适当,不可离刨床太近。

（4）不准离开机床去办其他事情。

（5）操作时精神要集中,如果发现异常现象要立即停机,并报告指导人员。

八、磨削安全技术

1. 开机前

（1）检查砂轮是否有裂缝。

（2）砂轮罩及砂轮本身是否安装牢固。

（3）检查各手柄,使手柄处于非工作位置。

（4）调整好工作台挡块的位置,并拧紧固定。

（5）装卸附件或工件时,要防止其与砂轮发生碰撞。

2. 开机后(主轴旋转时)

（1）若采用电磁吸盘,工件一定要放在磁力线上。

（2）正确掌握切削用量,以免挤坏砂轮发生事故。

（3）必要时先退刀,使砂轮与工件分离,然后停机。

3. 使用砂轮机时

（1）砂轮不得有裂缝,必须有砂轮罩。

（2）砂轮机开动时,先空转到工作转速,并检查砂轮是否平衡,如果不平衡,禁止使用。

（3）操作者要站在砂轮机的侧面。

（4）工件要拿稳,不得使其在砂轮上跳动。

九、钻削安全技术

1. 开机前

（1）检查各手柄的位置是否正确。

（2）检查工件、刀具是否装夹牢固、准确,并检查所用量具是否齐全、合适。

（3）着装要规范,场地要整洁。

（4）不准多人同时操作钻床。

2. 开机后(主轴旋转时)

（1）主轴旋转时,严禁变换主轴转速。

（2）不准用手触摸刀具及其他运动部件。

（3）主轴旋转时，不得装夹、测量工件，需要时，必须先停机。

（4）站位要适当，不得戴手套进行操作。

（5）摇臂钻床在工作时要锁紧摇臂和主轴箱。

（6）台式钻床停机变换主轴转速时，要注意安全，防止挤伤手指。

（7）操作时精神要集中，如果发现异常现象应立即停机，并报告指导人员。

十、数控车削安全技术

（1）进入数控车削实训场地后，应服从安排，不得擅自启动或操作车床数控系统。

（2）按规定穿戴好劳动保护用品。

（3）不准穿高跟鞋、拖鞋上岗，不允许戴手套和围巾进行操作。

（4）开机前，应仔细检查机床各部分机构是否完好，各传动手柄、变速手柄的位置是否正确，还应按要求认真对数控机床进行润滑和保养。

（5）操作数控系统面板时，对各按键及开关的操作不得用力过猛，更不允许用扳手或其他工具进行操作。

（6）完成对刀后，要进行模拟换刀试验，以防止正式操作时发生撞坏刀具、工件或设备等事故。

（7）在数控车削过程中，因观察加工过程的时间多于操作时间，所以一定要选择好观察位置，不允许随意离开实训岗位，以确保安全。

（8）操作数控系统面板及数控机床时，严禁两人同时操作。

（9）自动运行加工时，操作者应集中精神，左手手指放在程序停止按钮上，眼睛观察刀尖运动情况，右手控制开关，控制机床拖板的运行速率，如果发现问题，应及时按下程序停止按钮，以确保刀具和数控机床的安全，防止各类事故发生。

（10）实训结束后，除了按规定保养数控机床外，还应认真做好交接班工作，必要时应做好文字记录。

十一、数控铣削安全技术

（1）数控铣床的使用环境要避免光线直接照射和热辐射，同时防止潮湿、粉尘影响，特别要避免有腐蚀性气体。

（2）进入数控铣削实训场地后，应服从安排，不得擅自启动或操作铣床数控系统。

（3）按规定穿戴好劳动保护用品。

（4）不准穿高跟鞋、拖鞋上岗，不允许戴手套和围巾进行操作。

（5）开机前，应仔细检查机床各部分机构是否完好，各传动手柄、变速手柄的位置是否正确，还应按要求认真对数控机床进行润滑和保养。

（6）操作数控系统面板时，对各按键及开关的操作不得用力过猛，更不允许用扳手或其他工具进行操作。

（7）开始切削之前一定要关好防护罩门，程序正常运行过程中严禁打开防护罩门。

（8）机床正常运行时不允许打开电气柜的门，禁止按"急停""复位"按钮。

（9）操作数控系统面板及数控机床时，严禁两人同时操作。

（10）不得随意更改数控系统内制造厂商设定的参数。

（11）认真填写工作日志，做好交接班工作，消除事故隐患。

十二、特种加工安全技术

（1）线切割加工时要正确安装钼丝与工件，调整钼丝至预定位置。钼丝接电源负极，工件接正极，钼丝不可接触工件。

（2）严格按照设备使用说明和操作规程进行操作。

十三、注塑成型安全技术

（1）把手伸入模具时应将安全门打开。

（2）如果上半身需要进入两模板之间，应先关掉油泵马达。

（3）无论什么场合，整个身体进入两模板之间时都应先切断电源。

（4）身体不要接触机械的可移动部分。

（5）在高温部位工作时要使用保护手套、防护眼镜及防护工具，以防烫伤。

（6）不要把异物和原料一起放入料斗，否则会损坏注塑设备。

（7）落料不可以中断，否则料筒热量增加会使注塑口有发生火灾的危险。

参 考 文 献

[1]　李伯奎,王玲.金工实习[M].北京:高等教育出版社,2015.

[2]　刘春廷,等.工程材料及加工工艺[M].北京:化学工业出版社,2009.

[3]　王先逵.机械制造工艺学[M].3 版.北京:机械工业出版社,2013.

[4]　金嘉琦.几何量精度设计与检测[M].北京:机械工业出版社,2012.

[5]　崔振铎,刘华山.金属材料及热处理[M].长沙:中南大学出版社,2010.

[6]　陆剑中,孙家宁.金属切削原理与刀具[M].5 版.北京:机械工业出版社,2011.

[7]　徐福林,周立波.数控加工工艺与编程[M].上海:复旦大学出版社,2015.

[8]　杨鸣波,黄锐.塑料成型工艺学[M].3 版.北京:中国轻工业出版社,2014.

[9]　周旭光.特种加工技术[M].2 版.西安:西安电子科技大学出版社,2011.

[10]　徐光柱,何鹏,杨继全,等.开源 3D 打印技术原理及应用[M].北京:国防工业出版社,2015.

[11]　陈志鹏.金工实习[M].北京:机械工业出版社,2015.

[12]　金捷.金工实习[M].上海:复旦大学出版社,2011.

[13]　赵春花.金工实习教程[M].北京:中国电力出版社,2010.

[14]　王瑞金.特种加工技术[M].北京:机械工业出版社,2011.

[15]　周功耀,罗军.3D 打印基础教程[M].上海:东方出版社,2016.